人间值得

以自己喜欢的方式过一生

茗　溪　／著

中国华侨出版社
·北京·

米兰·昆德拉说："生活是一张永远无法完成的草图，是一次永远无法正式上演的彩排，人们在面对抉择时完全没有判断的依据。我们既不能把它们与我们以前的生活相比，也无法使其完美之后再来度过。"人生就像一场众人的狂欢，总有形形色色的人穿梭往来，总会发生各种各样的事，而其中冷暖只有自己才能体会。只有经过生活的洗礼，我们的内心才能渐渐丰盈，才能对生活有更深层次的理解。

　　以自己喜欢的方式过一生，那是一种美好。每个人都想要活得快乐、自由，但我们经常从别人身上寻找自己，而把真正的自己遗忘在角落里。你对自己的人生做过何种思考？要知道，读懂人生，才能成就一生。苏格拉底曾说："人生就是一次无法重复的选择。"每个人都会面临来自生活、工作和社会的各种各样的压力与问题，就算生活中有太多的失望，也希望你能试着接受，并且学着不为难自己。

　　我喜欢许多不实用的东西，我喜欢充足的沉思时间，我喜欢对着一盏昏灯听雨，我喜欢出其不意地去拜访朋友，我不喜欢精确地分配时间，不喜欢紧张地安排节目……生活和未来有千百万种可能，总有一种是你想要的样子。活在盛放，也活在凋谢；活在烦恼，也活在智慧；活在不安，也活在止息。所谓一生活过几生，关键的问题不在长度而在宽度，勇敢地选择不一样的生活，多一次冒险，就多一次体验不同人生的机会。

请记住：会令你为难的人，本身也不见得有多在乎你，如果一件事一开始就令你不舒服，那么，越早拒绝越好。别和往事过不去，因为它已经过去；别和世界过不去，因为你还要过下去。没有人可以随随便便幸福，就算我们暂时不能拥有，那么看着别人拥有并且自省，心存的也该是对幸福的向往，然后付出自己的努力。愿我们在最好的年华里成为更好的自己，按照自己喜欢的方式过一生，把生活和未来过成我们想要的样子。

人如何度过一生，才不会辜负生命？本书从自我、梦想、爱情、幸福、苦难等方面探讨了这一人生的终极问题，帮助读者走过人生泥泞的时期，让他们在认清生活真相后，仍然有热爱生活的勇气。书中娓娓道来的讲述，总有一句令你豁然开朗，消解心头烦忧，感受生命的力量，让你意识到"这是你自己的人生"，只要活出自己，就会发现"人间值得"，未来岁月漫长，依旧值得期待。

目录

Contents

第一章

你活成自己的样子，是人间最美的风景

1

第二章

我能想到最浪漫的旅程，是为热爱的事而坚持

第三章

人生不必太用力，坦率地面对每一天

第四章

我很平凡，但灵魂会发光

人间值得：
以自己喜欢的方式过一生

第五章

请相信，世界定会对你温柔相待

第六章

生命总有梦已过，总有梦能圆

第七章

那些看似生活的苦，其实都是去看世界的路

第八章

一辈子，我们总能成为某个人眼中最特别的人

人间值得：
以自己喜欢的方式过一生

第九章

愿你遍历山河，归来时仍觉人间值得

你活成自己的样子，
是人间最美的风景

一个人的魅力源于真实地呈现自我

很多人在人前竭尽全力地表现自我，但事实上，他们表现得不是真实的自我，而是他们可以呈现出来的"完美状态"。

但是，如果你已经在人际关系上做了很多了，那么获得成功的唯一秘诀就是你不要再让自己戴着假面具了，因为一个人的魅力源于真实地呈现自我，这样的人才是最受欢迎的。

不相信吗？

美国历届总统大多能给人留下鲜明的印象：风度翩翩，富于人格魅力。肯尼迪总统受到美国公众喜爱的程度恐怕是美国历史上所少见的。然而，肯尼迪并非一个完美无缺的人。他曾经试图在猪湾（地名）入侵古巴，结果遭到惨败。像这样大的军事失误无论发生在怎样出色的领导人身上，普通人都会认为它会给领导人的形象大打折扣。令人费解的是，"猪湾惨败"非但没有降低肯尼迪的个人声誉，反而使他在公众心目中的形象更加真实、丰满和贴近——人们更加喜爱这位"也会犯错误"的总统了。

比起完美来，人们往往都更喜欢真实，真实是一种勇气，一种对于自我的接纳。

就像完美的地球不会嫌弃自己不够完美，潮汐不会因为人的意志而改变一样。

尽管人们追求完美，真正面对一个完美无缺的人时却不敢相信。"人非圣贤，孰能无过？"可是从古至今，所谓"无过"的圣贤有谁曾经见过呢？大部分人是有缺陷的，就算你竭力掩饰，大家仍然心知肚明。

社会心理学家阿龙森通过实验证明了什么样的人更受欢迎，他设计了这样的实验：在一个竞争激烈的演讲会上，有四位选手，两位才能出众，而且几乎不相上下，另两位才能平庸。才能出众的选手中有一位不小心打翻了桌上的饮料，而才能平庸的选手中也有一位打翻了饮料。

如果是你，你会喜欢哪个人呢？实验结果表明：才能出众而犯过小错误的人最受欢迎，才能平庸而犯同样错误的人最缺乏吸引力。

你的选择是否也一样呢？完美的人，或许大家都期待，但是真的出现的话，未必是最受欢迎的。

这个实验其实就向人们展示了一个有力的命题：白璧微瑕比洁白无瑕更令人喜爱。小小的错误会使有才能的人的吸引力更增加一层。这就是人际交往中的"犯错误效应"。

你看，人们都能够接受不完美的人，你又何必耿耿于怀于自己的不够完美而去掩饰呢！

没有人怀疑"金无足赤，人无完人"这句古训的合理性。所以在日常生活中，一个坏透的人肯定不受人欢迎，可是，一个十全十美的好人也常常让人难以承受。处处要求自己完美无缺的人不仅让自己步履维艰，也让周围的人"窒息"。这样的好人，总是给身边的人带来无穷无尽的压力。

而一个人只有充分展示出自己人格真实的一面时，才是一个活生生的人、一个闪耀着人格魅力之光的人，是可亲的人，是令人可以接受而不是高高在上的人。即使偶尔犯了错误，也只能使你在他人心目中的印象更加生动和精彩。

愉悦自己，才是真正地爱自己

在遭遇困苦时，乐观的人总会努力想办法让自己快乐起来，让精神的伤痛远离自己。愉悦自己，才是真正地爱自己。

由于经济破产和从小落下的残疾，人生对基尔来说已索然无味了。

在一个晴朗的日子，基尔找到了牧师。牧师耐心听完了基尔的倾诉，对基尔说："让我给你看样东西。"他向窗外指去。那是一排高大的枫树，在枫树间悬吊着一些陈旧的粗绳索。他说："60年以前，这里的庄园主种下这些树，他在树间牵拉了许多粗绳索。对于嫩弱的幼树，这太残酷了，因为创伤是终生的。有些树面对残忍现实，能与命运抗争，而另一些树消极地诅咒命运，结果就完全不同了。眼前这棵粗壮的枫树看不出有什么疤痕，所看到的是绳索穿过树干——几乎像钻了一个洞似的，真是一个奇迹。"

"关于这些树，我想过许多。"牧师说，"只有体内强大的生命力才可能战胜像绳索带来的那样终生的创伤，而不是自己毁掉这宝贵的生命。对于人，有很多解忧的方法。在痛苦的时候，找个朋友倾诉，找些活干。对待不幸，要有一个清醒而客观的全面认识，尽量抛掉那些怨恨、妒忌等情感负担。有一点也许是最重要的，也是最困难的：你应尽一切努力愉悦自己，真正地爱自己。"

能否越过障碍、突破挫折困苦，乐观的人总有他自己的方法。

1. 转移不良的情绪。

碰到不顺心的事情或在家中与亲属发生争吵，不妨暂时离开一下现场，换个环境，或者同别人去聊天，或者参加一些文体活动，娱乐一下。总之，把注意力转移到别的方面去。只有把原来的不良情绪冲淡以至赶走，才能重新恢复心情的平静和稳定。

2. 憧憬美好未来。

只有经常憧憬美好的未来，才能始终保持奋发进取的精神状态。不管命运把自己抛向何方，都应该泰然处之。不管现实如何残酷，都应该始终相信困难即将克服，曙光就在前头，相信未来会更加美好。

3. 忆苦思甜。

在人生的旅途中，有时荆棘丛生，有时铺满鲜花，有时忧心如焚，有时其乐融融。对此应进行精心的筛选，不能让那些悲哀、凄凉、恐惧、忧虑、彷徨的心境困扰我们。对那些幸福、美好、快乐的往事要常常回忆，以便在心中泛起层层涟漪，激发人们去开拓未来，而对那些不愉快的事情、诸多的烦恼则尽量要从头脑中抹掉，切不可让阴影笼罩心头而失去前进的动力。

4. 积极的自我暗示。

例如对着镜子和自己说："我是最棒的！我一定会成功！"

5. 宽待自己。

学会宽待自己是一件非常重要的事情。学会宽待自己就要允许自己犯错误，"金无足赤，人无完人"，谁能一辈子不犯错误？在总结教训之余，要安慰自己，即使是自身的原因导致的错误也不要对自己责备太严，要学会宽待自己，经常对自己说："过去的就让它过去吧，一切从头开始。"只有这样才能形成正确的心态，才能够乐观地生活下去。

你是独一无二的，要告诉世界"我很重要"

多年以来，在我们的教育中，个人总是被否定的那一个：面对集体，我不重要，为了集体的利益，我应该把自己个人的利益放在一边；面对他人，我不重要，为了他人能获得开心，只能牺牲

人间值得：
以自己喜欢的方式过一生

我自己的开心；面对我自己，我也不重要，这个世界上，少了我就如同少了一只蚂蚁，没有分量的我，又有什么重要？但是，作为独一无二的"我"，真的不重要吗？不，绝不是这样，"我"很重要。

当我们对自己说出"我很重要"这句话的时候，"我"的心灵一下子充盈了。是的，"我"很重要。

"我"是由无数星辰日月草木山川的精华汇聚而成的。只要计算一下我们一生吃进去多少谷物，饮下了多少清水，我们一定会为那数字的庞大而惊讶。世界付出了这么多才塑造了这么一个"我"，难道"我"不重要吗？

你所做的事，别人不一定做得来；而且，你之所以是你，必定有一些相当特殊的地方——我们姑且称之为特质吧！而这些特质又是别人无法模仿的。

既然别人无法完全模仿你，也不一定做得来你能做得了的事，试想，他们怎么可能给你更好的意见？他们又怎能取代你的位置，来替你做些什么呢？所以，这时你不相信自己，又有谁可以相信？

况且，每个来到这个世上的人，都是上帝赐给人类的恩宠，上帝造人时就已赋予了每个人与众不同的特质，所以每个人都会以独特的方式来与他人互动，进而感动别人。要是你不相信的话，不妨想想：有谁的基因会和你完全相同？有谁的个性会和你一毫不差？

由此，我们相信：你有权活在这世上，而你存在于这世上的目的是别人无法取代的。

不过，有时候别人（或者是整个大环境）会怀疑我们的价值，时间一长，连我们都会对自己的重要性感到怀疑。请你千万千万不要让这类事情发生在你身上，否则你会一辈子都无法抬起头来。

记住！你有权利去相信自己很重要。

"我很重要。没有人能替代我，就像我不能替代别人一样。我很重要。"

生活就是这样的，无论是有意还是无意，我们都要激发出对自己的信心。不要总是拿自己的短处去对比人家的长处，却忽视了自己也有人所不及的地方。自卑是心灵的腐蚀剂，自信却是心灵的发电机。所以我们无论身处何境，都不要让自卑的尘垢侵占心灵，而应燃烧自信的火炬，始终相信自己是最优秀的，这样才能调动生命的潜能，去创造无限美好的生活。

也许我们的地位卑微，也许我们的身份渺小，但这丝毫不意味着我们不重要。重要并不是伟大的同义词，它是心灵对生命的允诺。人们常常从成就事业的角度，断定自己是否重要。但这并不应该成为标准，只要我们在时刻努力着，为光明在奋斗着，我们就是无比重要地存在着，不可替代地存在着。

让我们昂起头，对着我们这颗美丽的星球上无数的生灵，响亮地宣布：我很重要。

面对这么重要的自己，我们有什么理由不去爱自己呢！

比进入别人的世界更重要的，是打开自己的世界

一位诗人说过："不可能每个人都当船长，必须有人来当水手，问题不在于你干什么，重要的是能够做一个最好的你。"把身边的工作做好，就是成功。

一大早，格尔开着小型运货汽车来了，车后扬起一股尘土。

他卸下工具后就干起活来。格尔会刷油漆，也会修修补补，能干木匠活，也能干电工活、修理管道、整理花园；他会铺路，还会修理电视机，他是个心灵手巧的人。

格尔已经上了年纪，走起路来步子缓慢、沉重，头发理得短短的，裤腿留得很长，他给别人干活。

他的主人有几间草舍，其中有一间，格尔在夏天租用。每年春天格尔把自来水阀门打开，到了冬天再关上。他把洗碗机安置好，把床架安置好，还整修了路边的牲口棚。

格尔摆弄起东西来就像雕刻家那样有权威，那种用自己的双手工作的人才有的权威。木料就是他的大理石，他的手指在上边摸来摸去，摸索什么，别人不太清楚。一位朋友认为这是他自己的问候方式，接近木头就像骑手接近马一样，安抚它，使它平静下来。而且，他的手指能"看到"眼睛看不到的东西。

有一天，格尔在路那头为邻居们盖了一个小垃圾棚。垃圾棚

被隔成3间，每间放一个垃圾桶。棚子可以从上边打开，把垃圾袋放进去，也可以从前边打开，把垃圾桶挪出来。小棚子的每个盖子都很好使，门上的合页也安得严丝合缝。

格尔把垃圾棚漆成绿色，晾干。一位邻居走过去一看，为这竟是一个人做的而不是在什么地方买的而感到惊异。邻居用手抚摩着光滑的油漆，心想，完工了。不料第二天，格尔带着一台机器回来了。他把油漆磨毛了，不时地用手摸一摸。他说，他要再涂一层油漆。尽管照别人看来这已经够好了，但这不是格尔干活的方式。经他的手做出来的东西，看上去都不像自己家做的。

在格尔的天地中，没有什么神秘的东西，因为那都是他在某个时候制作的、修理的，或者拆卸过的。保险盒、牲口棚、村舍全出自格尔的手。

格尔的主人们从事着复杂的商业性工作。他们发行债券，签订合同。格尔不懂如何买卖证券，也不懂怎样办一家公司。但是当做上面提到的那些事时，他们就去找格尔，或找像格尔这样的人。他们明白格尔所做的是实实在在的、很有价值的工作。

当一天结束的时候，格尔收拾工具放进小卡车，然后把车开走了。他留下的是一股尘土，以致还有一个想不通的小伙伴。这个人纳闷，为什么格尔做得这样多，可得到的报酬这样少。

然而，格尔又回来干活儿了，默默无语，独自一人，没有会议，也没有备忘录，只有自己的想法。他认为该干什么活就干什么活，自己的活自己干，也许这就是自由的一个很好的定义。

人间值得：
以自己喜欢的方式过一生

你有权按自己的曲子跳舞

一个物质生活颇为优越的商人，处处与别人比较，他不允许自己得到的东西比别人差。他做到了，他成了交际圈中的佼佼者。可是，他的内心没有丝毫快乐可言。他为了寻找到自己的快乐，决定出门旅行。

有一天，他来到了一个很偏僻的村寨，这里相对封闭，人们的生活很俭朴。可是，他发现村民们活得非常快乐。一到晚上，人们吃罢晚饭，就在一片空地上点起篝火，乐师们弹起他们心爱的乐器，男女老少一起载歌载舞，将欢声笑语洒在村寨的每一个角落。从他们的神态中，除了快乐看不到一丝一毫的忧愁。他们有什么值得快活的资本呢？商人百思不得其解。

一个晚上，在村民们跳舞的间隙，商人与一位年长的乐师攀谈，他问乐师："为什么你们总是那么快乐？"老乐师听了他的话并没有马上回答，而是拿起乐器，弹起了一首曲子，老乐师对他说："年轻人，跳起来吧，按照你自己心中的那支曲子跳舞，而不要受我的影响。我相信你会找到答案的。"就这样，他真的跳了起来，而且没有受乐曲的一点影响。虽然，他跳得很累，但是不知怎么回事，一场舞跳下来，他却很轻松、很惬意，那是一种他从来也没感受过的快乐。而就在他静下来的一刹那，心中突然一亮，他真正地明白了，原来，获得快乐的秘诀，就是按自己的曲子跳舞。

怀有成为珍珠的信念

很久很久以前，有一个养蚌人，他想培养一颗世上最大最美的珍珠。

他去海边沙滩上挑选沙粒，并且一颗一颗地问那些沙粒，愿不愿意变成珍珠。那些沙粒一颗一颗都摇头说不愿意。养蚌人从清晨问到黄昏，他都快要绝望了。

就在这时，有一颗沙粒答应了他。

旁边的沙粒都嘲笑那颗沙粒，说它太傻，去蚌壳里住，远离亲人、朋友，见不到阳光、雨露、明月、清风，甚至还缺少空气，只能与黑暗、潮湿、寒冷、孤寂为伍，不值得。

可那颗沙粒还是无怨无悔地随着养蚌人去了。

斗转星移，许多年过去了，那颗沙粒已长成了一颗晶莹剔透、价值连城的珍珠，而曾经嘲笑它傻的那些伙伴们，却依然只是一堆沙粒，有的已风化成土。

也许你只是众多沙粒中最平凡的一颗，但如果你有要成为一颗珍珠的信念，并且忍耐、坚持，当走过黑暗与苦难的长长隧道之后，你或许会惊讶地发现，平凡如沙粒的你，在不知不觉中，已长成了一颗珍珠。每颗珍珠都是由沙子磨砺出来的，能够成为珍珠的沙粒都有着成为珍珠的坚定信念，并无怨无悔。沙粒之所以能成为珍珠，只是因为它有成为珍珠的信念。芸芸众生中，我们原本只是一粒粒平凡的沙子，但只要怀有成为珍珠的信念，你终会长成一颗珍珠的。

愿望使困难微不足道

一位名叫希瓦勒的乡村邮递员，每天徒步奔走在各个村庄之间。有一天，他在崎岖的山路上被一块石头绊倒了。

他发现，绊倒他的那块石头样子十分奇特，他拾起那块石头，左看右看，有些爱不释手了。

于是，他把那块石头放进自己的邮包里。村子里的人们看到他的邮包里除信件之外，还有一块沉重的石头，都感到很奇怪，便好意地对他说："把它扔了吧，你还要走那么多路，这可是一个不小的负担。"

他取出那块石头，炫耀地说："你们看，有谁见过这样美丽的石头？"

人们都笑了："这样的石头山上到处都是，够你捡一辈子。"

回到家里，他突然产生一个念头，如果用这些美丽的石头建造一座城堡，那将是多么美丽啊！

于是，他每天在送信的途中都会找几块好看的石头。不久，他便收集了一大堆，但离建造城堡的数量还远远不够。

于是，他开始推着独轮车送信，只要发现中意的石头，就会装到独轮车上。

此后，他再也没有过上一天安闲的日子，白天他是一个邮差和一个运输石头的苦力，晚上他又是一个建筑师。他按照自己天马行空的想象来构造自己的城堡。

所有的人都感到不可思议，认为他的大脑出了问题。

20多年以后，在他偏僻住处出现了许多错落有致的城堡，当地人都知道有这样一个性格偏执、沉默不语的邮差，在干一些如同小孩建筑沙堡的游戏。

1905年，美国波士顿一家报社的记者偶然发现了这群城堡，这里的风景和城堡的建造格局令他慨叹不已，为此写了一篇介绍希瓦勒的文章。文章刊出后，希瓦勒迅速成为新闻人物。许多人都慕名前来参观，连当时最有声望的大师级人物毕加索也专程来参观了他的建筑。

在城堡的石块上，希瓦勒当年刻下的一些话还清晰可见，有一句就刻在入口处的一块石头上："我想知道一块有了愿望的石头能走多远。"

据说，这就是那块当年绊倒希瓦勒的第一块石头。

其实有愿望的不是石头，而是我们的内心有了一股强大的信念，这个信念就是要过自己向往的生活。

许多人之所以不平凡，是因为他们能够清醒地认识到一点：自己想过什么生活，想要什么样的人生。当他们有了自己的梦想以后，任何困难都是微不足道的。

永远保留希望，永远相信自己

希望和欲念是生命不竭的原因所在。记住，无论在什么境况下，我们都必须有继续向前行的信心和勇气，生命的生动在于我们满怀希望，不懈追求。

有一个老人，刚好100岁那年，不仅功成名就，子孙满堂，而且身体硬朗，耳聪目明。在他百岁生日的这一天，他的子孙济济一堂，热热闹闹地为他祝寿。

在祝寿中，他的一个孙子问："爷爷，您这一辈子中，在那么多领域做了那么多的成绩，您最得意的是哪一件呢？"

老人想了想说："是我要做的下一件事情。"

另一个孙子问："那么，您最高兴的一天是哪一天呢？"

老人回答："是明天，明天我就要着手新的工作，这对于我来说是最高兴的事。"

这时，老人的一个重孙子，虽然还 30 岁不到，但已是名闻天下的大作家了，站起来问："那么，老爷爷，最令您感到骄傲的子孙是哪一个呢？"说完，他就支起耳朵，等着老人宣布自己的名字。

没想到老人竟说："我对你们每个人都是满意的，但要说最满意的人，现在还没有。"

这个重孙子的脸陡然红了，他心有不甘地问："您这一辈子，没有做成一件感到最得意的事情，没有过一天最高兴的日子，也没有一个令您最满意的孙子，您这 100 年不是白活了吗？"

此言一出，立即遭到了几个叔叔的斥责。老人却不以为忤，反而哈哈大笑起来："我的孩子，我来给你说一个故事：一个在沙漠里迷路的人，就剩下半瓶水。整整 5 天，他一直没舍得喝一口，后来，他终于走出大沙漠。现在，我来问你，如果他当天喝完那瓶水的话，他还能走出大沙漠吗？"

老人的子孙们异口同声地回答："不能！"

老人问："为什么呢？"

他的重孙子作家说："因为他会丧失希望和欲念，他的生命很快就会枯竭。"

老人问："你既然明白这个道理，为什么不能明白我刚才的回答呢？希望和欲念，也正是我生命不竭的原因所在呀！"

生命在于永不放弃，我们的事业也如此。有希望在，我们就有了前进的方向，就有了不竭的动力。

主宰自己的命运

年轻的亚瑟国王被邻国的伏兵抓获。邻国的君主并没有杀他，而是向他提出了一个非常难的问题，并承诺只要亚瑟回答得出，他就可以给亚瑟自由。亚瑟有一年的时间来思考这个问题，如果一年期满还不能给他答案，亚瑟就会被处死。

这个问题是：女人真正想要的是什么？

这个问题令许多有学识的人困惑不解，何况年轻的亚瑟。但求生的欲望使亚瑟接受了国王的命题——在一年的最后一天给他答案。

亚瑟回到自己的国家，开始向每个人征求答案：公主、妓女、牧师、智者、宫廷小丑。他几乎问了所有的人，答案五花八门，有的回答是男人，有的说是孩子，有的说是金钱，还有的说是地位，但没有一个答案可以令他满意。最后，人们建议亚瑟去请教一个女巫，也许她能够知道答案。但是他们警告他，女巫会提出一些稀奇古怪的条件，这些条件往往使人们不敢向她求助。

一年的最后一天到了，亚瑟别无选择，只好去找女巫试试看。女巫答应回答他的问题，但他必须首先接受她的交换条件：让她和加温结婚。而加温是最高贵的圆桌武士之一，是亚瑟最亲密的朋友。

亚瑟惊骇极了，看看女巫：驼背，丑陋不堪，只有一颗牙齿，身上发出臭水沟般难闻的气味，而且经常发出猥亵的声音。他从没有见过如此丑陋不堪的怪物。他拒绝了，他不能让他的朋友为了救他而牺牲自己的幸福。

加温知道这个消息后，对亚瑟说："我同意和女巫结婚。对我来说，没有比拯救你的生命更重要的了。"亚瑟感动极了，深情地拥抱了他的朋友。

于是亚瑟宣布了婚礼的日期，女巫也回答了亚瑟的问题：女人真正想要的是——可以主宰自己的命运。

人们都明白了女巫说出的是真理，于是邻国的君主如约给了亚瑟永远的自由。

加温的婚礼如约举行，而亚瑟陷入了深深的痛苦之中。这是怎样的婚礼呀——加温一如既往地温文尔雅，而女巫却在婚礼上表现出非常丑陋的行为：蓬头垢面，用嘶哑的喉咙大声讲话，还用手抓东西吃。她的言行举止让所有的宾客都感到恶心，大家也都深切地同情加温。

新婚之夜对于所有的人都是美妙的，但对加温是异常可怕的，但它终究还是到了。然而，加温走进新房，却被眼前的景象惊呆了：一个他从没见过的美丽少女斜倚在婚床上！加温忽然如入梦境，不知这到底是怎么回事。

少女回答说："我也曾被别人施以魔咒，我自己在一天的时间里一半是丑陋的，另一半是美丽的。你愿意怎样分配这丑陋与美丽呢？"

多么残忍的问题呀！加温开始面对他的两难选择：是在白天向朋友们展示自己的美丽妻子，而在夜晚自己的屋子里，面对一个如幽灵般又老又丑的女巫呢，还是在白天拥有一个丑陋的女巫妻子，但在晚上与一个美丽的女人共度亲密时光呢？出乎意料的是，加温没有做任何选择，只是对他的妻子说："既然女人最想要的是主宰自己的命运，那么就由你自己决定吧！"

少女眼中闪着泪光，动情地说："谢谢你替我解除了诅咒，当有一个男人愿意让我主宰自己命运的时候，诅咒就自动失效了。那么，我要告诉你，我会选择白天和夜晚都是美丽的女人，因为我爱你。"

如果不能坚持自我，还怎么过好一生

汤姆成长于环境复杂的纽约市劳工区切尔西。时值嬉皮士时代，汤姆身穿大喇叭裤，头顶阿福柔犬蓬蓬头，脸上涂满五颜六色的彩妆，为此，常遭到住家附近各类人士的批评。

有一天晚上，汤姆跟邻居友人约好一起去看电影。时间到了，汤姆身穿扯烂的吊带裤、一件绑染衬衫，头顶阿福柔犬蓬蓬头。当汤姆出现在朋友面前时，朋友看了汤姆一眼，然后说："你应该换一套衣服。"

"为什么？"汤姆很困惑。

"你扮成这个样子，我才不要跟你出门呢。"

汤姆怔住了："要换你换。"于是朋友走了。

当汤姆跟朋友说话时，母亲正好站在一旁。这时，她走向汤姆："你可以去换一套衣服，然后变得跟其他人一样。但你如果不想这么做，而且坚强到可以承受外界的嘲笑，那就坚持你的想法。不过，你必须知道，你会因此引来批评，你的情况会很糟糕，因为与大众不同本来就不容易。"

汤姆受到极大的震撼。因为汤姆明白，当他探索另类的生活方式时，没有人鼓励他，甚至支持他。当他的朋友说"你得去换一套衣服"时，他陷入两难抉择：倘若我今天为你换衣服，日后还得为多少人换多少次衣服？母亲看出了汤姆的决心，她看出他在向这类同化压力说"不"，看出他不愿为别人改变自己。

人们总喜欢评判一个人的外形，却不重视其内在。要想成为一个独立的个体，就要能承受这些批评。汤姆的母亲告诉他，拒绝改变并没有错，但她也警告他，拒绝与大众一致是踏上一条漫长的路。

汤姆一生都始终摆脱不了与大众一致的议题。当汤姆成名后，他也总听到人们说："他在这些场合为什么不穿皮鞋，反而要穿红黄相间的快跑运动鞋？他为什么不穿西装？他为什么跟我们不一样？"到头来，人们之所以受到他的吸引，学他的样子，又恰恰因为他与众不同。

愿你的青春不负梦想

1863 年冬天的一个上午，凡尔纳刚吃过早饭，正准备到邮局去，突然听到一阵敲门声。凡尔纳开门一看，原来是一个邮政工人。工人把一包鼓鼓囊囊的邮件递到了凡尔纳的手里。一看到这样的邮件，凡尔纳就预感到不妙。自从他几个月前把他的第一部科幻小说《乘气球 5 周记》寄到各出版社后，经常收到这样的邮件。他怀着忐忑不安的心情拆开一看，上面写道："凡尔纳先生：尊稿经我们审读后，不拟刊用，特此奉还。某某出版社。"每次看到退稿信，凡尔纳都是心里一阵绞痛。这已经是第 15 次了，还是未被采用。

凡尔纳此时已深知，那些出版社的"老爷"们是看不起无名作者的。他愤怒地发誓，从此再也不写了。他拿起手稿向壁炉走去，准备把这些稿子付之一炬。凡尔纳的妻子赶过来，一把抢过手稿紧紧抱在胸前。此时的凡尔纳余怒未息，说什么也要把稿子烧掉。他妻子急中生智，以满怀关切的口气安慰丈夫："亲爱的，不要灰心，再试一次吧，也许这次能交上好运的。"听了这些话以后，凡尔纳抢夺手稿的手慢慢放下了。他沉默了好一会儿，然后接受了妻子的劝告，又抱起这一大包手稿到第 16 家出版社去碰运气。

这一次没有落空，读完手稿后，这家出版社立即决定出版此书，并与凡尔纳签订了 20 年的出书合同。

没有他妻子的疏导，没有他为梦想持之以恒的勇气，也许我们根本无法读到凡尔纳笔下那些脍炙人口的科幻故事，人类就会失去一笔极其珍贵的精神财富。

世界上的事情就是这样，成功需要坚持梦想。具有这种素质的人常常创造出人间奇迹。弗洛伊德、贝多芬、梵·高，还有《吉尼斯世界大全》一书中所记载的诸多人物，不能不承认，是所有这些大大小小的人物使我们这个世界变得有声有色。他们都明显有一个共同点，即执着。他们执着地将他们热爱的某项事业推向极致，什么也阻止不了他们。

做最好的自己

我们生活在一个竞争无处不在的社会，每天都要面对形形色色的竞争。你是不是因此有一点疲惫，因为压力太大了。或许我们都有这样的感受，每天都在忙碌，每天都有忙不完的事情，为什么不愿意停下来，因为你想尽自己最大的能力做最好的自己，可是怎样才能做最好的自己呢？

每个人都有自己的优点，也有自己的缺点，想要做最好的自己，首先要做的就是接纳自己。

每一个成功人士或许都有不同的成功之路，但是不管他们是怎样成功的，他们都是自信的、拥有智慧的人。

什么是真正有智慧的人呢？

真正有智慧的人要识大局、知环境、认航向、尊重别人、擅于共事。在琐事琐物方面即使糊涂些，也不是笨的表现。

如果只是一味地追求小节，才是大愚若智。因为一味地纠缠于细节，会让人失去大格局的眼光，以致落入迷茫和失败。

"如果你对自己降低要求，那我警告你：你的余生将会感到很痛苦，因为你在逃避你自己的能力、逃避自己的可能性。"

这是马斯洛在研究"逃避成长"时对他的学生说的话，很有趣，这些问题每个人都可以拿来问自己，马斯洛发现一个有趣的现象：人除了有弗洛伊德所说的"惧怕自己内心深处最坏的东西"情结以外，人还有这样一种情结："惧怕自身的伟大之处""躲开自己最好的天赋"。看看我们的周围，我们绝大多数人一定有可能比现实中的自己更伟大、我们都有未被利用的潜力。我们或多或少回避了内心暗示给我们的使命、召唤和人生的任务。

成长的逃避、降低自我抱负，毫无疑问，对我们每个人的成长都毫无益处，如果你逃避成为力所能及的自己，你会终生为此痛苦和遗憾。

这种惧怕是内在固有的、合理的、正常的，而不是病态的。心平气和地接受这些感觉，就像接受我们需要每天吃饭、睡觉一样。如果你内心会忌妒、会恐惧，这说明你是一个正常人，而不是圣人、神仙或者是去了天堂的人。

我们可以通过有意识的认识和分析，把对最崇高事物的忌妒、恶意转化为敬慕、感激、欣赏、崇敬。换句话说，如果看到、听到那些最美的、最有智慧、最杰出的人，我们可以这样自我分析：是的，我永远都成不了他们，但是，我可以成为力所能及的最好的自己，而且幸运的是，在我有生之年，我看到了、听到了这么美、这么有智慧、这么杰出的人或者事。难道我不该为此感到高兴和感激吗？夫复何求？

机会属于那些早就做好准备的人，成功不是结果，它只是一个值得一生去回味的过程。在此过程中，你应当学会的是：做最好的自己。

人间值得：
以自己喜欢的方式过一生

第二章

我能想到最浪漫的旅程，
是为热爱的事而坚持

放开手脚，去做你喜欢的事吧

很多人面对生活时总是唯唯诺诺，不敢直接表达自己的情绪，也不敢去做自己真正喜欢的事情。他们找了一堆借口来掩藏自己，可实际上这样的人，都不幸福。

在短暂的一生中，能够做自己真心想做的事，说想说的话，不要随波逐流，真实地面对自己，尊重内心的感受，这是人生一大快事。

幸福是什么呢？

幸福就是从心所欲，做自己想做的事情。

当年爱因斯坦是这样向别人解释相对论的：当一个小伙子独自一人坐在温暖的火炉旁时，他会觉得昏昏欲睡，仿佛一分钟就像一小时那样漫长，而当他和一个美丽的姑娘坐在冰天雪地里的时候，他会觉得时间飞逝，一小时就像一分钟那样短暂。虽然这只是一个幽默的例子，但这说明了一个道理：做自己喜欢的事，你会觉得快乐无比、激情万丈、信心十足。这就是意愿和情感的作用啊。

台湾艺人张艾嘉在青春年少的时候，因为没有人认为她是美

人间值得：
以自己喜欢的方式过一生

女，所以上镜的机会少之又少，最窘迫的时候每天身上只有几元钱。但她利用闲暇时间来了解自己，到底自己真正喜欢的东西是什么？后来，她发现自己不只喜欢表演，更喜欢幕后的东西。这也就造就了她日后的成功，她任性不羁，过得轰轰烈烈，她总是说，因为做着自己喜欢的事，所以再大的辛苦都是心甘情愿的。她从不掩饰自己的满足："我很幸福，而幸福的秘诀是'不贪婪，永远做自己喜欢的事'。"

盛唐诗人李白曾经被皇帝召进朝廷，当他看到朝廷的奢淫、腐败之后，义愤填膺，毅然离开长安，坚决不再为朝廷鞍前马后。他在《梦游天姥吟留别》中写道："世间行乐亦如此，古来万事东流水……安能摧眉折腰事权贵，使我不得开心颜？"被皇帝赏识，是过去的才子佳人做梦都盼望的机会，但是李白看透了生命的真谛，如果不能做自己喜欢的事情，即便是荣华富贵又如何？

我们经常发现，在做自己喜欢的事情时，劲头十足。人只有做自己想做的事情时，才会有充沛的热情和精力。有时候能做自己喜欢的工作很难，但是起码应该去争取，而不是轻易放弃，因为只有这样，我们才能从中得到快乐。

林肯曾经说过："我一向认为：如果一个人决心获得某种幸福，那么他就能够得到那种幸福。"毫无疑问，幸福的心态是：能够做你想做的事。那么究竟谁有能力决定你的未来是幸福还是不幸呢？答案只有一个——自己。

挥洒自我个性，强过附庸风雅的流俗

有一部著名的电影叫作《我是谁》，主人公不停地拷问自己到底是谁。是一个名字、一个符号吗？当然不是。我们每一个人都是与众不同的存在，是独一无二的，所以人活着，就要挥洒出自我个性来，按自己的特点包装自己，照自己的爱好展示自己，绝不随波逐流，不然岂不是把最宝贵的自我给弄丢了？

现在有很多人因为所谓"潮流"而被人牵着鼻子走，放弃了最珍贵的自己，其实这样是很可惜的。因为挥洒自我个性，强过附庸风雅的流俗。

有一个著名的故事，大家应该都听说过：德国哲学家莱布尼茨有一次与国王谈论哲学时说，世上没有两个彼此完全相同的事物，哪怕是孪生兄弟也会有区别。国王不信，派人到花园里找了两片大小形状相同的树叶拿回来，结果经过众人细细观察，发现这两片树叶还是有许多不同的地方，如颜色、厚度、叶脉等。

于是人们口中便有了"世界上没有两片完全相同的树叶"的至理名言。就连在大自然里毫不出奇的树叶都没有雷同的，何况人呢？任何自然形成的事物都有与众不同的地方，任何生命都有自己独特的个性。这就是我们常说的"一沙一世界，一叶一菩提"。正是有了个性的存在，才使世界呈现出形态迥异的景观，才有了丰富多彩的人生。一个人如若失去个性，生命将是一片苍白。

很多人爱追赶潮流，当一个人穿喇叭裤时，人们都去学，若是有一天流行穿窄腿裤，大街上又满是窄腿裤的人了。实际上，不管流行什么，人的身材气质是固定的，应当找到适合自己的。处处张扬与众不同的你，或许不够潮流、不够时尚，但是能保持独立的人格，这样不强过附庸风雅的流俗吗？

个性，并不仅仅是这些细节。没有个性的人，不会是一个果断而魄力十足的人，在人生的大抉择面前往往显得踌躇而无定见。唯有个性十足的人，才能将命运牢牢掌握在自己的手中，面对身边的非议与异样的眼光，可以毫不在意地置之度外，只管朝着自己的梦想前进。这样的人才能获得幸福，而没有个性的人就只能活在别人的眼光里，可怜巴巴地委屈自己换来别人的一点认同。

一个人若是感觉不够幸福、不够轻松，不是完全取决于物质的多寡，而在于他对自己生活的态度和看法。有个性的人，不会用无谓的"比较"来折磨自己，即便别人的生活比他光鲜亮丽得多，他也不会因此而失去自我平衡。他知道别人有别人的生活，自己有自己的生活，只要开心，就算吃糠咽菜，也照样可以欢声笑语；而缺乏个性的人，就算生活无忧无虑，也照样会和自己较劲儿，看到别人比自己强，就整日愁眉不展、闷闷不乐。他们不快乐，就是因为丧失了个性，丧失了自我快乐的能力。

坚持唱完自己的歌

我们每个人每天都在面对这样的抉择——对别人的要求妥协，还是坚持自我？这一点不管是在商场还是在生活中，都是必须面对的。但是很多人恰恰缺少的不是拼杀的勇气，而是坚持做自己的那种不畏艰难的勇气。

有这样一个故事，在某家公司接待台湾客户的时候，要求每个员工展现自己的才华共同娱乐，偏偏有一个女孩事先没有准备，赶鸭子上架似的不得不唱了一首流行歌曲应景。她确实是不怎么具备歌唱天分的，再加上紧张，底下有人开玩笑地说："求求你别唱了，不知情还以为你在虐待我们呢。"但是这个女孩并没有因此放弃，她说"请听我把这首歌唱完"。不管台下怎么起哄，她都坚持将自己的歌唱完。令人意想不到的是，这位女孩最后被台湾那位客户挖走了。客户说：最难得的就是这个女孩身上不畏艰难、坚持自己的个性。

不管是在职场还是在商场中，不要畏惧别人的批评，坚持做自己认为重要的事情，以足够的毅力投入工作中才能获得成功。

生活不是一帆风顺的，我们常常会遇到这样那样的问题，有时候会措手不及，或者遭到别人的白眼和误解。如果这个时候我们选择放弃，那就前功尽弃了，不妨再努力一点，坚持唱完自己

人间值得：
以自己喜欢的方式过一生

的歌，哪怕五音不全，哪怕跑调，哪怕紧张得双腿战栗，也要坚持唱完自己的歌。

因为只有坚持才是面对困难时唯一有效的工具。所以在遇到困难时，你不妨这样告诉自己：我不是为了失败才来到这个世界上的，我的血管里也没有失败的血液在流动。我不是任人鞭打的羔羊，我是猛狮，不与羊群为伍。我不想听失意者的哭泣、抱怨者的牢骚，这是羊群中的瘟疫，我不能被它传染。失败者的屠宰场不是我命运的归宿。

水，看上去软弱无力，但它有着持之以恒的精神。广德太极洞内，有一块状如卧兔的坚石，石头的正中有一个被水滴冲刷出的光滑圆润的小洞。水滴的力量是微不足道的，可是它目标专一，持之以恒，所以能把石块滴穿。如果我们也能像水滴那样，还有什么事情做不成呢？就像冲洗高山的雨滴、吞噬猛虎的蚂蚁、照亮大地的星辰、建起金字塔的砖石，我们也要一砖一瓦地建造起自己的城堡，只要持之以恒，就什么都可以做到。

生命的奖赏远在旅途终点，而非起点。不知道要走多少步才能达到目标，踏上第一千步的时候，仍可能遭到失败。但成功就藏在拐角后面，除非拐了弯，我们永远不知道还有多远。

面对别人的奚落，面对工作的困难你会做出怎样的反应呢？会不会被吓得再也不敢坚持？其实生活中的一切困难都同那些同事的嘲笑一样，只要你不把它放在心上，就能唱完自己的一首歌。工作中需要的不是悠扬的歌声，而是敢唱的勇气。

洒脱不羁走一回，拈花微笑天地间

每个人都向往洒脱的生活，但洒脱是什么？并非每个人都知晓。很多人为了生活或者其他欲望放弃了自己，实际上这样的放弃并不是洒脱，恰好相反，洒脱不过是为了追逐更加幸福、快乐，更加自主的生活而已。

人生在世，如白驹过隙，倏忽一会儿，生命就从起点走到终点，弹指一挥间。所有生命大都如此，短促得让人措手不及，正所谓"时间太瘦，指缝太宽，青春太仓促"。

每个人都因此惋惜、因此哀叹，不如学会洒脱，抓住该抓住的，放开得不到的。

有时太执着于某种东西只能徒增枷锁，生活是你自己的，没必要用太多人生大道理捆绑自己，有时你完全可以反其道而行之，就像浪迹天涯的三毛，怀揣着自己的目标独闯世界，也许在世人的眼里，一个小女子怎么可以独自行走于江湖？但对三毛而言，洒脱地在山水间游历、纵横天地间的生活才是自己的生活，是否合乎别人的眼光这都不重要。

洒脱是一份难得的心境，只有解读洒脱，才有"天生我才必有用，千金散尽还复来"的开怀；只有酝酿洒脱，才有"挥一挥衣袖，不带走一片云彩"的飘扬；只有拥有洒脱，才有"面朝大海，春暖花开"的情怀。只有洒脱，才会让你时时刻刻都能感觉到不受拘束，感受到自我的可贵和心灵的激荡。

洒脱，恰似一江春水向东流，奔向大海，气势磅礴，即使千难万险，也要飞落成瀑。洒脱之人往往具有相当独立的思维和特立独行的生活方式，也许简单随意，但精力无穷，从不依附于他人；洒脱的人从不为所谓的尘世而不得释怀，使自己空守一颗生硬的心，更不会为了纷扰的人生而愤世嫉俗，他们能看淡世间事；洒脱的人有自己的生活，不以物喜不以己悲。

所以，想要获得幸福，就必须学会洒脱，洒脱会把羁绊心灵的锁链熔化，任你在人世间自由来去无牵挂；洒脱让微笑穿透漫漫人生，让轻盈释放寂寞，在千万次受伤之后仍然挥洒自如、幸福如初。

你给自己制定各种各样的目标，但是当目标越来越明晰的时候，当这些人生计划成为一种心理负担和精神累赘，从而拖累了你前进的脚步、束缚了你翱翔的翅膀时，你就觉得承受不住了，在此时何不暂时将目标删除、学会洒脱呢？一身轻松的你反而会走得更远、飞得更高。

在重重高压之下，你是否已经小心翼翼太久了？你是不是压根忘了随心所欲的感觉？如果你不懂得洒脱，那么幸福美好的生活不久将不再属于你，一个心灵终日劳役的人是不会懂得洒脱是生命赏赐给我们的礼物的。

请打好你生活中的每一张"牌"

艾森豪威尔年轻时经常和家人一起玩纸牌游戏。母亲总告诫他要"打好自己手中的牌",他对这句话总是不甚理解。

一天晚饭后,他像往常一样和家人打牌。这一次,他的运气简直差到了极点,每次得到的都是很差的牌。他开始抱怨,最后,竟发起了少爷脾气。

一旁的母亲看到他这个样子,正色道:"既然要打牌,你就必须用自己手中的牌打下去,不管牌是好是坏。谁也不可能永远有好运气!"

艾森豪威尔对妈妈的这种理论已经厌倦了,刚要争辩,却听到母亲接着说:"我们的人生又何尝不像这打牌一样啊!发牌的是上帝。不管你手中的牌是好是坏,你都必须拿着,你都必须面对。你能做的,就是让浮躁的心情平静下来,然后认真对待,把自己的牌打好,力争达到最好的效果。这样打牌,这样对待人生才有意义啊!"

艾森豪威尔此后一直牢记母亲的话,无论遇到什么情况,都会尽全力打好自己手中的牌。就这样,他一步一个脚印地向前迈进,成为中校、盟军统帅,最后登上了美国总统之位。

你的人生只要对你自己有意义就可以了

人要主宰自己的命运，做自己的主人。

"老师让我去报名参加拼写竞赛。"13岁的安琪一回到家就告诉父母。

"太好了，你已经报名了吗？"

"还没有呢。"

"为什么，宝贝？"父母奇怪地问。

"我有点害怕，台下可能会有许多人看着。"安琪很激动，她在家一向是个听父母话的孩子，在学校平时也不爱多说话，但是学习成绩很好。

"我想你还是先报个名吧，你可以很好地锻炼自己的。不过这事儿你还是得自己决定。"

父母离开了安琪的屋子。过了两天之后，学校老师打来电话，让安琪的父母说服安琪去报名参加拼写竞赛。

安琪回到家后，父母又跟她谈了话，父母对她说："首先，我们并不是强迫你一定要报名，这件事还是你来作决定，但是我们可以谈谈关于参加竞赛的利弊。参加竞赛可以锻炼自己的意志，锻炼自己的智力，还能增强自己的信心。比赛赢了更好，没有得名次也是无关紧要的，我们不在乎。因为你在我们的心目中是很有能力的孩子，这点并不需要用竞赛的名次来证明。"

父母又对她说："老师打电话来说，他也很相信你的能力。我们对你的比赛结果都不太关心，关心的只是你是不是想用这一次机会去锻炼自己。"

有这样开明的父母的鼓励和支持，最后安琪还是报名了。

安琪的父母知道安琪很聪明，只是她太胆小了。她不敢想象如果自己站在台上面对那么多的观众拼写单词会是一种什么样的感觉。她的父母很想让安琪见一见世面，而这就是一个很好的机会。还有，父母想让安琪通过这一机会来证明她自己的能力，也好好地锻炼自己的胆量，发现自己的一些潜力，明白自己只是有些发怵，需要父母给自己加油。

安琪的父母对安琪充满了信心，但他们并不催促安琪，而是让她自己来做这一决定。

通过这件事，安琪增强了自己的独立性和勇气，而父母则很满意自己鼓励了安琪，使她没有失去一个很好的锻炼自己的机会。

要驾驭命运，从近处说，要自主地选择学校、选择书本、选择朋友、选择服饰；从远处看，则不要被种种因素制约，自主地选择自己的事业、爱情和大胆地追求崇高的理想。

你的一切成功、一切造就，完全取决于你自己。

你应该掌握前进的方向，把握住目标，让目标似灯塔般在高远处闪光；你应该独立思考，有自己的主见，懂得自己解决问

人间值得：
以自己喜欢的方式过一生

题。你不应相信有救世主，不该信奉什么神仙或皇帝，你的品格、你的作为，你所有的一切都是你自己行为的产物，并不能靠其他什么东西来改变。在生活道路上，你必须善于作出抉择，不要总是踩着别人的脚步走，不要总是听凭他人摆布，而要勇敢地驾驭自己的命运，调控自己的情感，做自己的主宰，做命运的主人。

我的地盘，当然由我做主

怎样才能获得快乐？那就是做自己想做的事。

那么怎样才能做自己想做的事情？答案毫无疑问是自己做自己的主人。只有做自己的主人、主宰自己的生活、掌握自己的命运，才能还自己一个快乐的人生。除此之外，别无他法。

生活中，也许很多人会发出这样的感慨：从上学到现在，从来都没有为自己做过主，一直都把自己的梦想放在最后的位置。完成了父母的心愿，考上大学，却在众人的欢呼雀跃中感到自己的失落：成就了别人，委屈了自己，这是我想要的幸福吗？难道真的就这样与自己的理想失之交臂了吗？

当然不！我们每个人在这个世界上都是独一无二的，没有任何人能够替代我们自己的思想和行为，更没有人可以操纵我们的生活，替我们做主。我们应该把脚尖抬起来，不再受别人的掌控，随心所欲地舞出自己的精彩，这样才会活得更幸福。

人在呱呱坠地时是非常软弱无力的，他们的命运掌握在别人手中。两岁以后，孩子的能力发展了，这时他们常说的一句话就是"宝宝干"，因为孩子知道了快乐可以通过自己的行动而得到。幼教专家认为，教育幼儿要从培养自主意识开始，这很重要，让孩子自己做主，给他们足够的空间，不要让孩子的自主行为受到过多的制约才有利于孩子的成长。

有一个很成功的案例，鼎鼎大名的比尔·盖茨的青春完全是自己做主的，也可以说，没有特立独行，就没有后来的比尔·盖茨和微软公司。比尔·盖茨有优越的家庭背景，父亲是律师，母亲是银行家的女儿。父母都希望他按自己的愿望来生活，所以他可以在哈佛退学后进行电脑研究，正是因为一直以来，自己的生活完全由自己做主，所以才成就了日后的比尔·盖茨。

在生活中，自主意识对于每个人都是很重要的。

自己做主就是自己掌控自己的生活，自己规划自己的人生轨迹，对自己的爱好、事业、前途、婚姻，以及要什么、不要什么心里很清楚，并有自己独到的看法和主张。说到底，一个人有没有主张，关键是看他到底是不是一个有主见的人。

心中有主见的人，走在人生的路途中就比较游刃有余、挥洒自如；心中没有主见的人，则容易随波逐流，显现出难以安定的生活基调，极易彷徨失落，不堪一击。

人间值得：
以自己喜欢的方式过一生

生活是自己的，没有人比你更了解自己。快乐不快乐、幸福不幸福只有自己知道，谁都不能替你幸福快乐，也不能替你做主，唯独自己做主的生活，才是真正专属自己的生活。

羡慕别人的幸福，不如找到属于自己的那份幸福

我们总是忍不住和身边人比较，于是很多时候我们对自己的幸福视而不见，而却觉得别人的幸福都那么美丽。我们艳羡而自卑，自卑而忧郁，觉得自己被上天慢待，觉得不公。

一个人总在仰望和羡慕别人的幸福，却发现自己正被别人仰望和羡慕着。幸福这座山，原本就没有顶、没有头。不要站在旁边羡慕他人，其实幸福一直都在你身边。只要你还有生命，还有能创造奇迹的双手，你就没有理由当过客、做旁观者，更没有理由抱怨生活。

其实，每个人来到世界上都是一种幸福。当你在羡慕别人的时候，其实你自己也是别人眼中的风景。与其浪费精力羡慕别人，不如积极寻找属于自己的那份幸福。

生活中，烦恼如疾驰而过的列车，一次一次地将幸福带走。痛苦、无奈总是不请自来，使你对生活失去信心，对前途感到渺茫，于是就有人开始寻找幸福。

幸福是什么？幸福就是牵着一双手，一起走过繁华喧嚣，一起守候寂寞孤独；就是陪着一个人，高兴时一起笑，伤悲时一起哭；就是拥有一颗心，重复无聊的日子不乏味，做相同的事情不枯燥。只要我们心中有爱，我们就会幸福，幸福就在当初的承诺中，就在今后的梦想里。

幸福其实是一种感觉，一种对生活的超然体验。不知何时，身边有了太多无奈的叹息，有了太多伤感的眼神，有了太多哀怨的身影。我们不禁自问，难道幸福真的离我们而去了吗？不是的，只是当幸福来临的时候，我们常常连自己都不知道，就像"不识庐山真面目，只缘身在此山中"一样。我们常常抱怨上天不够怜惜我们，常常想为什么他对我们吝啬得连一点幸福都不愿给予。

什么是属于自己的幸福？这幸福到底在哪里？在云里、在雾里，还是在实实在在的生活里？答案似乎很难确定。幸福就像围城，城里的人想冲出去，城外的人又想冲进来，使我们不少人身在福中不知福。

其实幸福就在我们身边，只要你用心体会，就会看到它的影子：失意时朋友贴心的安慰；辛苦工作一天回家后满桌香喷喷的饭菜；生病时亲人团坐在病床边关切的问候；在收到恋人的玫瑰花时，在与家人外出郊游时，在奋笔疾书时……看，你身边有很多很多的幸福，可是，假如你认为这些幸福太渺小，不是你想要的，在这里你找不到幸福的感觉，那么即使你走到天涯海角，即使你拥有了世间所有人都羡慕的才华，你也寻找不到幸福的影子。因为幸福绝大多数是朴素的，它悄悄地开，又静静地落，仿佛世间一朵不知名的野芥。

我们不要去羡慕别人所拥有的幸福，你以为你没有的，可能在来的路上；你以为别人拥有的，可能在去的途中。

从寂寞中找到"星星"

有的人因为寂寞，心浮气躁浪迹夜店；有的人因为寂寞，放弃学业投身"爱情"；有的人甚至因为寂寞，杀人放火寻求刺激。

由此看来，寂寞是可怕的，但是寂寞真的是一直无法改变的消极情绪吗？

当然不是，你要学会在寂寞中如何找到"星星"。

寂寞是一个浮动的指标，一种时好时坏的疾病。

它不会治愈，但可以抚慰。我们可以让欲求不满的人找个对象；我们可以让生活空洞的人找点儿事做；我们可以让寻求意义的人写写文章、看看书。

但千万不要用错了方法，各位朋友在感受自己的寂寞时，请简单地分析一下，你是因为性欲得不到满足，还是生活空洞，抑或是缺乏意义呢？如果你因为找不到自己的人生哲学而放纵自己，那就难免浪费你的金钱与体力。

每天我们在人流中穿行，公共汽车、地铁拥挤不堪，商场、公园熙熙攘攘，在繁华的都市中，我们有时会产生一种身处闹市的孤独和寂寞。电视的喧闹、音乐的鼓噪一起打发无聊，网上聊天、网络游戏消除了孤寂和落寞，人们还在等待消除寂寞的手段。心灵缺乏交流，便会产生寂寞。

其实人可以不寂寞，因为寂寞的根源不在于他人，而在于自身，如果自身能克服，那么寂寞就不会存在。

找点儿事做：喜欢做什么便做什么，按你的心意做事，这将有助于你驱除寂寞。当你全副身心投入在自己最喜欢的事情上时，你就能忘掉一切，再没有多余的空间让你自叹寂寞与无奈。比如缓步跑、写作、做小手工，甚至弹琴等，这些活动都会让你的寂寞遁形。除此之外，你也可以借此认识到其他志趣相投的朋友；而将你的喜恶、感情与人"分享"。

回归自然：大自然被誉为人类心灵深处的归宿，在大自然的怀抱里，可以使人心灵平静安稳、和谐快乐。闲时在公园散步、缓步跑或踏单车，可驱走所有闷气，重新注入新的生命力量。

在感到寂寞时，不要把排遣寂寞的做法寄托在别人的身上，因为他人的抚慰都是苍白无力的，只有自己才能真正抚慰自己的寂寞。很多人以为自己需要在人群当中排遣寂寞，于是不明原因地热衷于约人吃饭、打球、跳舞、K歌，结果如何，寂寞一点儿也不会好转。

许多时候，人生是一场自己与自己的游戏，感动也好，欣赏也好，默契也好，看似对他人的反映，其实更多的是自己对自己的暗示而已。哪怕是爱人，也不会总是在你预想的地方出现。所以，在遇到寂寞的时候，要懂得自我暗示，自我排遣。寂寞提供了人类的美的可能性。人们抚平寂寞的梦想与努力，成为悲剧画布上天马行空的色彩。寂寞因而成为人类创造力的源泉，并且成就了人类社会的众多伟大成果。抚平寂寞的努力也构成了人性之美的主线，如上所述，正因为人类的内心经常处于孤独寂寞当中，因而那惊鸿一瞥的默契，那发自肺腑的感恩，那通灵一般的共鸣，都成为人类非常珍贵的品质。为了这种寂寞的美，我们要善于从寂寞中寻找"星星"，寻找最完美的排遣寂寞的形式。

如果没人给你鼓励，那就为自己鼓掌

有一个三四岁的男孩，话说得还不是很好，在火车的车厢里显得特别兴奋，一会儿跑到东，一会儿跑到西，一会儿打起了拳，一会儿又跑去跟人家要吃的。

妈妈为了让他安静一会儿，把他抱到铺位上坐下，说："来给大家背首诗吧。"

小家伙笑嘻嘻地坐正了身子背道："红豆生南国……鼓掌！"

然后就笑眯眯地鼓起掌来。乘客们看着他可爱的样子都笑了。他又背道："春来发几枝……鼓掌！"大家都被他可爱的样子逗得更开心了。"愿君多采撷……鼓掌！"

这回大家也帮着他鼓了起来，他背得更来劲了："此物最相思……鼓掌！"

你看，原来为自己鼓掌是这么简单的一件事，当我们总是热情地为别人鼓掌喝彩的时候，却往往把为自己鼓掌当成一件异常困难的事。

我们常常埋怨别人不认可我们，却一直忽视了这个重要而又伟大的角色：我们自己。不要忘了，自己最好的朋友是自己。

人在悲喜之间的抉择中，怀着积极的心和消极的心取得的效果是完全不同的：只有当你的心灵被培植在积极的乐土上，才能获得对人对己的宽容，从内心善待自己，你会觉得阳光、鲜花、掌声、美景等美好的事物总是离你很近。

一切美好的境遇其实都归功于平和的心境，她是滋养心灵和身体的沃土。

每个人在成长的过程中都免不了被自卑困扰，一向自信的人也会有自卑的时候，我们往往会因为某件事或者某个人而失去信心。

但自卑并不可怕，而是要你正视自己的缺点，有勇气走出那一片阴影——只有相信自己能够飞翔，你才能够拥有翅膀。

从现在开始，你要敢于承认自我，即使你只是大海中的一滴水、土壤中的一粒尘、茫茫夜空中不起眼的一颗星。你要坚信，作为大自然中的一种生物，你一直都是独一无二的。

相信自己能飞翔，才能拥有翅膀

有一位诗人说得好："使世界活跃的不是真理，而是信心！"信心是一种机动性的力量。不过这种力量不是普通的力量，而是一种在我们内心活跃着的力量。正如我们的身体是凭着食物所产生的化学物质构筑起来的一样，我们的生命之所以活跃、有意义、有用，并不是凭自己的力量，而是因为我们从另一个来源获得了力量。

一位心理学者曾在一所著名的大学挑选了一些运动员做实验。他要这些运动员做一些别人无法做到的运动，还告诉他们，由于他们是国内最好的运动员，因此他们能够做到。

这些运动员分为两组，第一组到达体育馆后，虽然尽力去做，但还是做不到。第二组到达体育馆后，研究人员告诉他们，第一组已经失败了，并对他们说："你们这一组与前一组不同，我们研制了一种新药，会使你们达到超人的水准。"结果，第二组运动员吃了药丸后，果然完成了那些困难练习。事后，研究人员才告诉他们，刚才吃的药丸，其实是没有任何药物成分的粉末做的。如果你相信自己能做到，你就一定能做到。第二组运动员之所以能完成这些困难的练习，是因为他们相信自己一定能够做到。这就是积极的心理暗示所产生的效果。

信心是人类最伟大的力量之一。只要一点点信心，就可以企及原本所不能完成的事。当然，这并不是说只要自信，就每次都能得到自己想要的东西。远远不是这么简单，总会有风险在里面。但是，自信的人至少是自己做出选择，而不是听任别人为自己做主。只要他表现良好，说出了自己的感觉，那他就会对自己有信心，提升自尊意识，鼓励自己在人际交往中更加坦率和诚信。

人间值得：
以自己喜欢的方式过一生

第三章

人生不必太用力，
坦率地面对每一天

不要追问自己，不要逼迫自己

人活在世，似乎总爱和自己过不去。逼迫自己好一点，再优秀一点；逼迫自己赶着完成一项任务；面对抉择时，逼迫自己快些做决定。

的确，速度是一种令人兴奋的状态，这是技术革命送给现代人的礼物。如今，我们几乎完全被速度所左右，无时无刻不处于兴奋的状态，进而处于一种燃烧的焦灼状态。

可是，慢的乐趣怎么失传了呢？过去那些闲荡的状态和闲荡的人都到哪儿去了？民歌小调中游手好闲的英雄，那些漫游各地磨坊、在露天过夜的流浪汉，都到哪儿去了呢？他们随着乡间小道、草原、林间空地一起消失了吗？捷克有一句谚语用来比喻他们甜蜜的生活：

悠闲的人是在凝望仁慈上天的窗口。凝望仁慈上天窗口的人是永远不会感到厌倦的，因此，他会很幸福。

读米兰·昆德拉的小说《缓慢》，在那里能找到随处可见的悠闲，同时也能找到随处可见的幸福。是那种缓慢的感觉，那种没有功利纠缠、没有尘嚣浮动的悠闲。

昆德拉的叙事节奏也是那种沉缓、优美的令人眩晕的节奏。一切美丽都是在缓慢中展开，在缓慢中沉淀，又在缓慢中永存的。一个抒情时代就这样来临，并延伸着这个时代的呼唤与要求。

于是我们要问：生活应该有着怎样的面孔？要在哪里寻找到真正的庇护？答案很明显，在"慢"里！一段感情能保持着绵长的持久性和悠悠的美感，是因为它有着内部流溢的诗情，更是因为它无须让谁喝彩，是自我的舞蹈，是一曲十分优雅的慢三步舞曲。

但是，我们的生活在努力地使一个人成为"舞蹈家"，在舞台上通过速度，把到达眼前的东西抹掉，再忘掉，然后埋葬掉。因为相信一切都可以重新再来，他对速度无限渴望，所以加倍卖力地表演：不是让生活走向马车、走向林间小路，而是让生活奔向汽车、奔向高速公路。

人为什么要成功，是自己所逼，还是这个社会价值观的逼迫，这是个很难回答的问题。很多年轻人背井离乡，只求有朝一日衣锦还乡，但是他如果过得一般，甚至过得很不如意，难道就应该被这个社会所另眼相看吗？或许这是仁者见仁，智者见智。人不应该一味地去找寻所谓成功，而要找到自己安身立命的位置；不要有人定胜天的想法，而是要学着如何顺从自然。成功无止境，过好每一天才是最真实、最生动、最重要的。不要盲目地去攀比，这是很愚昧的，你和别人的根基不同、背景不同，回归自己的内心，想着如何让自己的心灵更富裕。

人生原本很简单，成功只是一时的快感，细水长流的对生活的满足感，才是真正的成功。"差不多"是人生最高的智慧，学会怎么平衡这种状态非常重要，否则便会失去生活的乐趣。无为而无不为，是人对生活的一种宏观的把握与认知。孔子讲时也命也，就是告诉人们人生在每个阶段有每个阶段的状态，不越矩。三十而立，四十不惑，五十知天命，六十耳顺，七十从心所欲。就是告诫人们要有先后次序，不急不躁，心平气和，从容不迫。所以不是我们怎么处心积虑地改变处境，而是怎么改变自己的心态。不要盲从，要有自身的价值观。快乐也好，难过也罢；幸福也好，不幸也罢，在别人的眼里不过是过眼云烟，不要把自己的感受、感悟、感情无限地放大。学会隐藏，学会适可而止，学会知足常乐，这才是我们一生应该修炼的真功夫和实功课。

学会等待，平息浮躁的情怀

一张桌上放着一杯水。这只杯子，它已经放在这儿很久了，几乎每天都有灰尘落在里面，但它依然澄清透明。你知道这是为什么吗？

因为，灰尘都沉淀到杯子底下了。

生活中烦心的事很多，就如掉在水中的灰尘，但是我们可以让它沉淀到水底，让水保持清澈透明，使自己心情好一些。

人间值得：
以自己喜欢的方式过一生

如果我们不断地震荡，一点点灰尘就会使整杯水浑浊一片，更令人烦心，影响人们的判断和情绪。

学会沉淀生命，沉淀经验，沉淀心情，沉淀自己。让生命在运动中慢慢沉静，让心灵在浮躁中享受片刻宁静。

把那些烦心的事当作每天必落的灰尘，慢慢地、静静地让它们沉淀下来，用宽广的胸怀容纳它们，或许我们的灵魂会变得更加纯净，我们的心胸会变得更加豁达，我们的人生会更加快乐。

慢慢生活，慢慢走，让你浮躁的心清凉起来。

不切合实际的幻想，当然很难有切实可行的计划，也难有阶段性的成果，没有成功的希望，必然就心态浮躁，见异思迁，最后连仅有的一点激情也被消磨得荡然无存了。

有这样一个小故事：

正值夕阳西下，在一个小山村，一位老者，靠在椅子上，微眯着眼睛，观赏着西下的夕阳。老者须发皆白，脸色却很红润，用一句成语来形容，那就是鹤发童颜。

老者的身旁放着一台小型收音机，收音机里正播放着京剧。合着京剧缓慢的节拍，老者的手指在椅子的扶手上轻轻地敲打着。

一位小伙子见这位老者很有趣，便上前去打招呼。问老者多大了，老者说："差两年就活了整整一个世纪了。"

小伙子又问老者长寿的秘诀，老者风趣地说，他长寿的秘诀，就是因为"走"得慢——路，他喜欢慢慢地走；事，他喜欢慢慢地做；歌，他喜欢慢慢地哼；话，他喜欢慢慢地讲；景，他喜欢慢慢地赏……

老者见小伙儿对他的话还是有点儿不解，又继续对他说："你看见那太阳了吗，它总是在傍晚时慢慢地下落，在黎明时又慢慢地升起，正因为它'走'得慢，所以才能光照千秋，活得比谁都长。来得快的东西，去得也快，而且同时伴随着灾难，狂风、暴雨、雷霆、地震、海啸，无不如此。"

老者哪是在给他讲述长寿的秘诀，分明是在给他传授人生的哲学。

当小伙子回到灯红酒绿的城市，看到街道上行色匆匆的人群，他不由得想起了那位老者的话，于是他放慢了脚步，心中的那份浮躁也随之"清凉"了许多。

是啊，让自己的心态积极，让自己的情绪乐观，有助于稳定我们的自信。培养良好的心态和情绪，坚定自己的信心，慢慢等待，浮躁就自然地离你而去。

内心的平衡才是幸福的能量源

现代人到底要什么？在内心深处你曾经问过自己吗？如果问过，你满意自己的回答吗？现代人面临的最大问题，是要克服心灵深处的混乱，追求内心平静的境界。

人间值得：
以自己喜欢的方式过一生

遇上坏人可以逃，遇见不想见的人可以躲，但藏在我们心里、脑内的敌人，我们要怎样反击？是赤手空拳，是优柔寡断，是苦思冥想，还是一如既往？面对这种情况，你需要做的就是让你内心的"跷跷板"归于平衡，把你已经浮躁的心安抚平静。

人的生命价值用什么来衡量？工作的业绩、丰厚的薪金、豪华的别墅、高级的轿车，这些已成为现代人不惜一切代价所追求的目标。然而，生命的精华，对于每个人都是不同的。

农民在烈日下辛勤地劳动，母亲用甘甜的乳汁和无眠的呵护来哺育生命。究竟是令人羡慕的工作重要，还是拥有一个幸福美满的生活重要？孰是孰非，不是能简单回答的。

所以要在心里放一个跷跷板，保持内心的平衡，才能保持工作与生活的平衡。懂得把握平衡原则的人无论在多么紧张工作的情况下，都知道该怎样调节自己的生活节奏和工作状态，怎样体味生活中的情调和趣味，保持一种从容和风度。

态度决定一切，内心因素决定外在表现，始终保持一颗平常心、平衡心，能够使事业蒸蒸日上，也能让生活快快乐乐。

工作和生活是一个人最重要的两件事，两者相辅相成，互相作用。现代社会由于各方面的压力，人们往往不能很好地平衡它们之间的关系，导致"两败俱伤"。

环境的复杂与压力，可能超过了我们忍耐的极限。让自己快乐一点、兴奋一点，是我们对抗压力的生存需求。抛开坏心情，换上好心情，抚慰遭受打击的心灵，使痛楚停息。只要我们学会从小事做起，就能有效地把目标一步一步地转化成现实。

一位哲人曾经说过："年轻的时候，人们总是不经意地牺牲青春与健康去追求名利与金钱，而年老的时候，又企图用名利与金钱来留住生命与健康。"

当你找到自己生活的平衡的支点，你就能在生活与工作之间游刃有余，轻松面对。

用平衡的理念改变你的生活方式和工作方式，改变你待人处事的态度，改变你想要改变的东西。渐渐地，你会喜欢上这一切，开始感到它给你带来的工作上的轻松和生活上的愉悦，感到一种平衡之美。

到底怎样的生活才是幸福，才符合心底的期望？

其实，答案很简单，只要坚守内心，放平心态，知足常乐，生活自然而然就幸福多彩起来了。

不要总拿自己与别人相比，从而造成你失去了自信，并贬低了你的自身价值。正因为人与人之间存在着各种差异，我们每一个人才会各有所长、各有所为，也就是人们通常所说的各有千秋。

别人认为重要的事情，不能把它作为实现自己目标的依据。只有通过自己的实践经历与认真思考之后，才知道什么东西对你最好、什么事情对你最重要。

生活不是一场赛跑，而是每一步都值得细细品味的温馨旅程。

以博大的心量稀释一切痛苦烦忧

在冰岛，"愚蠢"的同义词是"多虑"或者"心胸狭隘"。一个人如果只发挥了10%的聪明才智，那剩下的90%干什么用了？细细想来，也许都在胡思乱想，这使许多人轻易地被烦恼打败。

世界上最快乐的人生活在什么地方？民意测验组织对世界18个国家的人民做了一次抽样调查，结果表明，冰岛人是世界上最快乐的人。冰岛位于寒冷的北大西洋，常年遭受海水的无情冲击，也是世界上活火山最多的国家之一，还有4536平方英里的冰川，堪称"水深火热"，冬天更是漫漫长夜，每天有20小时是黑夜，可谓"暗无天日"！

可是，冰岛的死亡率位于世界之末，而寿命则雄踞世界之首。

冰岛人的快乐是因为他们学会了与恶劣的大自然相处，艰难困苦教会了他们如何打开心胸，从而对生活中的问题抱宽容态度。

是的，快乐是最好的药，而且没有副作用。最具智慧的人才会算好这笔账，而很多人不懂这些。最傻的不是白痴，而是不快乐的人！快乐的人有开阔的心胸，通过改善心理机制，让自己明亮起来并且看到未来的光辉。如果说，这世界上有什么最宝贵的珍藏，那就是一颗会快乐的博大的心。

当我们愿意和气对人，宽容待人，不仅避免了吵闹、争斗之苦，其宽阔的胸怀，也会让自己的生活更愉快，心情更开朗。能够宽容待人，和气对人，他人自然会受到感动，从而以同样的爱心回报。反之，不能宽容的人，内心常有不平，甚至是埋怨、愤恨。由此，更易与人产生敌对或冲突。

当心胸不够开阔，内心的烦恼也会比较多，别人不以为是烦恼的，自己也觉得烦恼。生活中常与人有矛盾，那么在自己遇到困难时，别人也不太高兴伸手相助。如此，人生就多出了许多的障碍来。

宽容之人有福，因为他的宽容，不仅让自己更快乐，也给家庭带来更多的和气，让邻里间更加友爱，也使整个社会变得更为和谐与温馨。

譬如整个的人生，倘使你固守一份空灵，你便会像看待自然景观一般去看待它，投入人生的心情就像鸟在天空自由翱翔的心情。因为心是空灵的。于是向往一份博大，向往一份无穷，那飞翔的翅膀就会舒展得分外果敢有力。

给自己一个空间忏悔曾经的过错

一个人死后升入了天堂，在天堂的门口，上帝的使者对他说："对不起，先生，在进入天堂之前，我们有一道考题，你只有回答得好，才能进入。"

那个人同意了。使者问："在天堂里，你可以选择遇到几个人，你如何选择？"

那个人想啊想，突然哭了："我想遇到这样五个人，一个是我的初恋情人、我的父母、一个朋友，还有一个是我的妻子。"

天使说："请说出你的理由。"

那人说："我的初恋情人本来可以成为我的妻子，但是，当年我年少，不懂得珍惜她，她为我付出了童贞，为我堕过胎，为我受尽折磨，但是直到现在，我都没有跟她说声对不起。

"我的父母很平凡，他们一辈子受穷吃苦，但是，我直到最后才发现，这个世界死心塌地对你好的，只有父母。

"我的朋友是在火车上遇上的，他和我交往了20年，我们很少见面，但是我一有烦恼，就会打电话给他，他便会开导我、鼓励我，直到我病倒在床上，弥留之际，他从外地赶来，叫着我的名字，让我一切放心。说如果有来生，他还会再和我做朋友。

"我的妻子不漂亮，在孩子降生之后，我就忽略了她。但是她为我洗了一辈子的衣服，为我煲了一辈子的汤，在我患病的一年里，她整日整夜地照顾我。我在临死前才知道，我不能缺少她，我希望她永远是我的妻子。"

天使听了，也哭了。

那人问天使："你怎么哭了。"

天使说："对不起，你说的五个人，都不可能进入天堂。"

天使打开天堂的门，让他进来。那人迟迟不肯跨步，天使说："你进来吧。"

那人说："如果没有这五个人，我在天堂里又有何乐趣，不如到地狱去陪伴他们吧。"

天使问："你已经决定了吗？"

他说："我决定了。"

天使再问："你不后悔？"

他说："绝不后悔，因为只要有这五个人，随便到哪里都是天堂。"

天使说："你是一个高尚的人，因为你懂得忏悔，懂得感恩，懂得与人相处，你应该到天堂里来。"

他还是坚决地摇了摇头。

"好！"天使说，"因为你懂得忏悔，懂得感恩，懂得与人相处，所以，你现在已经在天堂里了，而且你可以随时与他们在一起！因为上帝规定有你这种品质的人无论在哪里都将得到天堂的一切待遇！"

这个人在生前没有及时思考自己身边值得珍惜的人和事，到天使面前才去忏悔，可为时已晚。

古人常说"一日三省吾身"，警惕自己不要迷失自我。反省是自我心灵的审视，常常反省，可以防止我们带"病"工作，不会使我们最后"无药可救"。常常反省自己，终使自己的心灵明净一些。

你每天若看见众生的过失和是非，你就要赶快去忏悔，这就是修行。在家中，比如书房这样安静的场所，静静地反省自己，思考曾经犯下的错误、对不起的人，净化心灵，做出及时的弥补。

用一生的时间活出几生的精彩

几年前，从美国一家孤儿院里曾经传出一个让人唏嘘不已的故事——孤儿院的婴儿们被父母出于各自不同的原因遗弃，这些感受着人间冷漠的孩子的言谈举止和正常的孩子都非常不同。

这些孩子目光僵硬，很少露出笑容，智力发展明显比同龄的孩子落后。

忽然有一天，孤儿院的工作人员发现了一件怪事，一个离房间入口最近的孩子越来越爱笑了，而且眼睛里重新焕发了神采，经过测试智力水平也达到了正常孩子应该达到的程度，远远高于孤儿院里的小伙伴。

孤儿院的负责人怎么也想不明白到底是什么力量改变了这个孩子，于是便在房间里装上了摄像头，想以此寻找孩子变化的秘密。

不久之后，谜底就揭开了。原来，一位负责清洁工作的老奶奶每次打扫到这个房间之后，总会逗一会儿离房间入口最近的那个小孩子，而且会亲昵地抱抱孩子，场面非常温馨。而正是因为老奶奶每天都给予这个孩子关心和呵护，这个孩子才感受到了爱和温暖的力量，从而发生了巨大的变化。

这件事情对孤儿院的负责人触动极大，也成了当地轰动一时的新闻。从那之后，孤儿院的负责人要求每一个员工在工作中都尽量多陪孩子说说话，多抚摸一下他们柔嫩的肌肤，多抱一抱这些小家伙，而不是仅仅让他们吃饱穿暖。

"我们以前只是将孤儿院的工作当一份职业来对待，而那位可敬的老妇人则是带着爱的眼光在做一切，这一点细小的差距就带来了完全不同的结果。所以，我们将带着爱的眼光重新审视、参与我们的工作。"孤儿院负责人在接受采访时说了这样一段话，让很多人都陷入沉思之中。

有这样一位糕点师，他最大的爱好就是在逛街的时候四处寻找糕点店。每当找到一家做工精致的糕点店时，他就会驻足停留，像看到了千年不遇的人间美景一样。即使是在家里看电视的时候，每当他看到画面上出现精美的糕点时，立刻就会被吸引过去，痴痴地望着电视，反复琢磨这糕点是怎样做出来的。

许多人对他这种怪异的行为非常不理解，他说："你们看到的是糕点，我看到的是美丽和艺术，一种能让人在享受美味的同时得到快乐的艺术。"当这句话从他嘴里说出来的时候，大家有的只是满心的佩服和赞叹。

在老奶奶和糕点师的眼中，看到的不仅仅是一份工作和生活，而是充满了温情和美感的人间。

一份工作，只需要熟练的技巧就能应对；一份生活，只需要按部就班就能进行。而一个精彩的人生，不是靠熟练的技巧和按部就班就能实现的，而是靠包含着爱的目光来创造的。以爱的眼光行走人间，你就会在面对任何工作和生活时，不仅仅像赚钱机器一样熟练乏味地运转，而是投入一份关心和呵护，挖掘一份美感和精彩，从而让身边的人受益，让自己得到内在的快乐和升华。

让性格魅力为你的人生加分

良好的性格，是持久幸福的唯一保证。弗洛伊德曾说："性格决定命运！"美国约·凯恩斯也说："习惯形成性格，性格决定命运。"

贪图享乐令人精神恍惚，若要获得快乐，你得付出昂贵的代价——在期待得到它们之前，备受折磨，在它们已经结束和过去之后，还要搅起心中的毒素。本质邪恶的快乐本来就短促，过后还往往使人不满足。正如罪犯在犯罪之后，即使无人发现，其作恶的欲望也并不会消失，反而会继续挣扎在邪恶的深渊。

这种快乐，既不真实，也不可靠。就算它不能对你造成伤害，也只是过眼云烟，转瞬即逝。持久的幸福才值得我们追寻。除了精神可以控制这种快乐之外，再没有别的东西可以管住它了。

让我们来看下面这个例子：

一次，小塞德兹拿起捉蝴蝶的网来到了田野。他举起网的杆子向一只蝴蝶挥了过去，一下子就将它网住了。若在平时，蝴蝶会在网子里飞跳不停，想要挣脱出去。可是这一次，那只蝴蝶却一动不动地停在那儿，他小心翼翼地翻开网子，想看看是怎么回事，又害怕它突然逃掉。

可是，当他把蝴蝶的翅膀捏在手上的时候，发现它已经死了。或许是他刚刚捕捉它的时候在无意中用杆子将它打死了。不知是什么原因，在看到死蝴蝶的那一瞬间，小塞德兹突然难过起来。他认为自己无缘无故地杀死了那只蝴蝶是一件有罪的事。突然之间，晴朗的天空和灿烂的阳光一下子就在他的心中消失得无影无踪，他的心里只剩下了黑暗，一阵沉重的忧伤将他完全笼罩。在以后的几天里，他一直被这种犯罪感所折磨，认为自己残酷地杀死了一个小生命。

"爸爸，你说我是一个坏孩子吗？我害死了一个生命，我是个罪人，一定会受到上帝的惩罚。"

"那只蝴蝶已经死了，这是一个无法挽回的事实，你自责也没有用，关键是要看你以后怎么做。只要你以后不再犯这样的错误，尽力去关心和保护小动物，不就行了吗？只要你以后不像坏孩子那样残酷地对待小动物，并关心和保护它们，我想上帝是会宽恕你的。"

"真的！"儿子兴奋地叫了起来。

第二天，他们一起到田野中散步。这一天天气好极了。天空像宝石那样蓝，几只美丽的蝴蝶在阳光之中欢乐地飞舞着。塞德兹乘机告诫儿子，"你应该向这些快乐的蝴蝶学习，不要总是把什么事都往坏处想，你应生活在明媚的阳光之中。"

俄国作家果戈理长篇小说《死灵魂》中的人物泼留希金，虽然他的家财堆积得腐烂发霉，可是贪婪、吝啬的性格仍促使他每天上街拾破烂，过乞丐般的生活。

当代杰出女作家冰心，一生淡泊名利，生活上崇尚简朴，不奢求过高的物质享受。在平和的环境中与人相处，在微笑中勤奋写作。冰心的健康长寿、事业辉煌都得益于开朗、豁达的性格。

大哲学家苏格拉底是一位具有良好性格的伟大哲人，他的妻子心胸狭窄，整天唠叨不休，动辄破口骂人。一次，她大发雷霆后，又向苏格拉底头上泼了一盆冷水，苏格拉底满不在乎地说："雷鸣之后，免不了一场大雨。"试想，要是遇上别人，不被这位恶妇气死，也会患上精神分裂症。苏格拉底为什么要娶这样的恶婆？据说，他是为了净化自己的精神，磨炼自己豁达大度的性格。

良好的性格品质和不良的性格品质对人的未来发展有着截然不同的影响，从这个意义上讲，性格决定命运一点儿都不为过。

健康让你的人生更精彩

作家苏童关于病痛有最深刻的了解：

9岁的病榻前，时光变得异常滞重冗长，南方的梅雨"滴滴答答"不停，他的小便也像梅雨一样解个不停。苏童恨室外的雨，更恨自己出了毛病的肾脏；他恨煤炉上那只飘着苦腥味的药锅，也恨身子底下"咯吱咯吱"乱响的藤条躺椅：生病的感觉就这样一天坏于一天。

有一天，班上的几个同学相约着一起来苏童家探病，苏童看见他们活蹦乱跳的模样心里竟然产生了一种近似忌妒的酸楚。他把他们晾在一边，跑进内室把门插上，他不是想哭，而是想把自己从自卑自怜的处境中解救出来。面对他们，苏童突然尝受到了无法言传的痛苦。也就是在门后偷听外面同学说话的时候，他才真正意识到他是多么想念他的学校，他真正明白了生病是件很不好玩的事情。

病榻上辗转数月，苏童后来独自在家熬药喝药，凡事严守医嘱。邻居和亲戚们都说，这孩子乖。他父母便接着说，他已经半年没沾一粒盐了。苏童想，他们都不明白他的想法，他的想法其实归纳起来只有两条：一是怕死，二是想返回学校和不生病的同学在一起。这是苏童全部的精神支柱。

半年后，苏童病愈回到学校。那是一个秋高气爽的日子，苏童在操场上跳绳，不知疲倦地跳，变换着各种花样跳，直到周围站了许多同学，他才收起了绳子。他的目的已经达到，他只是想告诉大家，他的病已经好了，现在又跟你们一模一样了。

苏童离开了9岁的病榻，从此自以为比别人更懂得健康的意义。

是啊，健康比金子还珍贵，因为健康很难再生或不可再生，一旦失去，再先进的高科技都无法使受损的机体恢复到原来的状态，就像一张白纸，揉过之后再也不可能恢复到原先的平整一样。

西方谚语"人生如航海"，民间俗话"平安就是福"，都是寓意人生坎坷、山高路险，要像如临深渊、如履薄冰那样关爱自己。

漫漫人生路，处处危险多。在人生的棋盘上，只要有一点失误，哪怕是小小的闪失，就可能使你满盘皆输，就像"泰坦尼克号"，一瞬间，庞然大物葬身海底，一生心血化为乌有。

健康是你自己的，只说对了一半，准确地说应当是：健康是属于你和爱你的人的。个人损失只是"冰山一角"，冰山的7/8在水下看不见，造成对10个最亲近的人的直接伤害，对几十个亲友的间接伤害，还有无法估计的事业损失。越爱你的人受害越大，是真正的"亲者痛"。面对这种"痛中之痛"，人们岂能无动于衷！

生命与健康是一条单行线，"奔流到海不复回"。健康本是古往今来人类一直追求的东西，但面对现代社会的各种诱惑，是过有节制的生活，还是纵情人生，却令许多人感到难以选择。其原因既有不得已，也与意志力、生活观念、科学发展等多方面有关。

永远不要失去对生活的热情

莉莉从来没想过给人做看护，她连自己都照顾不好。

那个夏日，莉莉站在邻居露丝家的客厅里，面对着满屋子成堆的纸片，一片茫然：这是什么状况？

"我需要你帮忙。"露丝对莉莉说，"我正在找一个笔记本，上面有这种茶壶的图片。"她指了指客厅里的一个柜子，里面摆满了漂亮茶壶，"肯定就在这儿某个地方。"

莉莉忐忑地笑了一下："您还记得最后一次看见它是在哪儿吗？"

"天哪，不记得，"她答道，"不过找到时就知道了。"

这就是莉莉当时的生活境况。连眼前这个89岁眼神不好的老太太都能看出来，莉莉除了帮她找一个又脏又旧的笔记本之外无事可做。

28岁那年莉莉搬回了家里，事事都不如意，工作、爱情……一切，她萎靡不振，对任何事都提不起兴趣。妈妈总劝她走出去，找点儿事做，帮帮别人也好。

于是，当露丝打电话来问莉莉能不能"过去一分钟"时，妈妈几乎是把莉莉推出了家门，说，"这对你有好处。"

莉莉开始在堆积成山的纸片中翻找，头越来越大。两小时后，她终于在楼上一间闲置卧室的小墙角里找到了笔记本。"太好了，"露丝欢呼着，"我下周做演讲时还要用呢。"

莉莉惊讶地看她，年近90岁的老人了，居然活得比我还要忙碌。

自那以后，莉莉每周都去拜访露丝几次，起初只是为了躲开老妈的唠叨，但渐渐地，露丝那儿总有一些东西能引起她的兴趣。

一次，莉莉到她家时，她正在客厅里眯着眼睛看一封信。"我又需要你帮忙了，"她说，"帮我读一下这封信吧。"

"好啊。"莉莉搬了张椅子挨着她坐下。

"亲爱的露丝，"莉莉念道，"我正在回想我们一起去做考古挖掘……"

莉莉满脸惊讶，"你以前是考古学家？"

"不是，"她微笑说，"是几个朋友共同的业余爱好，我们一直保持着联系。"

读完信后，莉莉忙着帮露丝整理书籍，却不由自主地瞥向那个趴在书桌上认真回信的苍老身影。这个女人真让人惊叹，一生住在艾奥瓦州这么个巴掌大的小镇上，却生活得这么充实，她是怎么做到的？她好像永远不会停下来。来信的人肯定没指望立刻收到回复，但露丝在那儿写得认认真真。

莉莉很快发现露丝写信并非偶尔为之，几乎每天她都有信要莉莉读或有信要写。她像收集茶壶一样收集朋友，和每位朋友都有一些故事。她的这种生活只有在梦中才能实现。

一次，莉莉送给露丝一个自己亲手织的十字架，她的眼睛都亮了，"谢谢你，"她说，"真是太漂亮了，它会在我的收藏里占据一个非常宝贵的位置。"

她停顿了一下，然后看着莉莉说："我特别盼望你来看我，你总是活力四射。我真希望能像你一样精力充沛，对生活充满希望。"

莉莉看着她，惊讶万分。她是在说别人吧？但随即莉莉明白，和露丝的相处早已让她发生了巨大的改变，找回了自信与生活的热情。

永远不要失去生活的热情，活出美丽的心情，那才是最美妙的人生。

心态不同，命运也截然不同

有两个乡下人外出打工，一个去纽约，一个去华盛顿。可是在候车厅等车时，又都改变了主意，因为邻座的人议论说，纽约人精明，外地人问路都收费；华盛顿人质朴，见了吃不上饭的

人间值得：
以自己喜欢的方式过一生

人，不仅给面包，还送旧衣服。

去纽约的人想，还是华盛顿好，挣不到钱也饿不死，幸亏没上车，不然真掉进了火坑。

去华盛顿的人想，还是纽约好，给人带路都能挣钱，还有什么不能挣钱的？幸亏还没上车，不然就失去了一次致富的机会。

于是他们在退票时相遇了。原来要去纽约的得到了华盛顿的票，去华盛顿的得到了纽约的票。

去华盛顿的人发现，华盛顿果然好。他初到华盛顿一个月，什么都没干，竟然没有饿着，不仅银行大厅里的太空水可以白喝，而且大商场里欢迎品尝的点心可以白吃。

去了纽约的人发现，纽约果然是一个可以发财的城市，干什么都可以赚钱。带路可以赚钱，开厕所可以赚钱，弄盆凉水让人洗脸也可以赚钱。只要想点办法，再花点力气就可以赚钱。

凭着乡下人对泥土的感情和认识，去纽约的人第二天在建筑工地装了 10 包含有沙子和树叶的土，以"花盆土"的名义，向不见泥土而又爱花的纽约人兜售。当天他在城郊间往返 6 次，净赚了 50 美元。一年后，凭"花盆土"他竟然在纽约拥有了一间小小的门面。

在长年走街串巷中，他又有一个新的发现：一些商店楼面亮丽而招牌较黑。他一打听才知道，原来是清洗公司只负责洗楼不负责洗招牌的结果。他立即抓住这一空当，买了人字梯、水桶和抹布，办起了一个小型清洗公司，专门负责擦洗招牌。几年以后，他的公司已有 150 多名员工，业务发展到了多个城市。

有一次，他坐火车去华盛顿考察清洗市场。在华盛顿车站，一个捡破烂的人把头伸进软卧车厢，向他要一个空啤酒瓶，就在递瓶时，两人都愣住了，因为 5 年前，他们曾换过一次票。这个捡破烂的人，就是当年改去华盛顿的那个人。

在每个人的一生中，都有很多次可以改变自己命运的机会，是往好的方面改变，还是往坏的方面改变，完全有赖于一个人对当时情况的认知和判断。也就是说，有什么样的看法，往往就会有什么样的命运。

有时候，我们不能急，要等，等到春暖花自开；要坚持，坚持到山重水复后的柳暗花明又一村。做人虽然很累，但那常是累在心上，其实只要手松了，心也就轻了，你会发现做人比做神仙幸福得多，人间的烟火是那么的有滋有味。

人的一生总是在不停地变换着社会角色，心态不做适当的调整，而总是在自负里欺骗自己伤害别人，或在不满里虚度光阴，那命运不对你残酷才怪。眼睛里只有自己，整日里怨天尤人不脚踏实地，待人处事又处处挑剔矫情，心里必然也堆满了垃圾，你又怎么会成功、怎么会快乐？

第四章

我很平凡，
但灵魂会发光

你就要去过别人觉得"不值"的生活

"我想按照自己的定义生活。"梅格·莱恩说,"我绝对不要活在别人定义的形象下。我不在乎遗忘,人们总是会变得贪婪、太自我。我希望能不断成长,活出既有的框架。也许我会再拍一部或两部电影,也许不会。虽然我会怀念这个工作,不过我对其他事情也很有兴趣。"

"我希望能活得踏实。"她说,"我不想过得飘飘然,脱离现实。"

你想要的自我方式是什么样?这是一个永远没有标准答案的问题。只要那是你要的方式,便是最好的方法。

最可悲的人生,便是活了一辈子之后,却发现这不是自己想要的一辈子!

做着自己不喜欢的工作、念着不想念的科系、过着自己不想要的生活……这种人即使活了 200 岁也是白活,因为他根本没有自己、没有思想,只像一张复印纸,不断地复印别人的想法和意见,以这些东西再来复印生活!

活出自己,还必须克服的是:别太在乎别人的想法和眼光。

人间值得:
以自己喜欢的方式过一生

相信世界上不会有人比你自己更懂自己要什么！

每个人的价值观和对生活的认同感都不尽相同，他们当然可以给你意见，为你分析，你也可以参考、去思考，但绝对不可以一个口令一个动作，人家说好的便去做，人家不认同的便去抗拒，这样只是对自己不尊重而已。而不懂得尊重自己的人，别人又怎么会懂得去尊重你？把自己生命中该思考的问题丢给别人负责，根本就是不负责任的行为！

任何人都有自我的方式：有人用唱歌活出自己、有人通过画画、有人用舞蹈、有人用种田、有人用煮饭、有人靠买卖……方式各异但唯一相同的是：这都是自我的选择。

生命是自己的，生活是个人的，方式更是自己选的。每个人都有不同的天分，只要将自己最擅长、最喜欢的部分去延伸发展，就可以发展精彩的自我人生。

不要再犹豫了，你当然可以决定要活出自己。生命的原色原本就该这样，将那些杂质滤掉，快快乐乐地活出自己吧！

宽恕也是一种爱

适时地宽恕自己的错误，生活才能更轻松。

有一天，上帝来到人间，遇到一个智者，正在钻研人生的问题。上帝敲了敲门，走到智者的跟前说："我也对人生感到困惑，我们能一起探讨一下吗？"

智者毕竟是智者，他虽然没有猜到面前这个老者就是上帝，但也猜到他绝对不是一般的人。

他正要问来者是谁，上帝说："我们只是探讨一些问题，完了我就走了，没有必要通报我的姓名吧。"

智者说："我越是研究，就越是觉得人类是一种奇怪的动物。他们有时候非常理智，有时候却非常不理智，而且往往在大的方面丧失了理智。"

上帝感慨地说："这个我也有同感。他们厌倦童年的美好时光，急着长大成熟，但长大了，又渴望返老还童。健康的时候，不知道珍惜健康，往往牺牲健康来换取财富，然后牺牲财富来换取健康。他们对未来充满焦虑，却往往忽略现在，结果既没有生活在现在，又没有生活在未来之中。他们活着的时候好像永远不会死去，但死去以后又好像从来没有活过，还说人生如梦……"

智者认为上帝的论述非常精辟，就说："研究人生的问题，很是耗费时间的。你怎么利用时间呢？"

"是吗？我的时间是永恒的。对了，我觉得人一旦对时间有了真正透彻的理解，也就真正弄懂了人生了。因为时间包含着机遇，包含着规律，包含着人间的一切，比如，新生的生命、没落的尘埃、经验和智慧等，都是人生至关重要的东西。"

人间值得：
以自己喜欢的方式过一生

智者静静地听上帝说着，然后，他要求上帝对人生提出自己的忠告。

上帝从衣袖中拿出一本厚厚的书，上边只有一段话：

人啊！有人会深深地爱着你，却不知道如何表达；金钱唯一不能买到的，却是最宝贵的，那便是幸福；宽恕别人和得到别人的宽恕还是不够的，你也应当宽恕自己；你所爱的，往往是一朵玫瑰，并不是非要极力地把它的刺根除掉，你能做得最好的，就是不要被它刺伤，自己也不要伤害心爱的人；尤其重要的是，很多事情错过了就没有了。

智者看完了这些文字，激动地说："只有上帝，才能……"抬头一看，上帝已经消失得无影无踪了。

不快乐的每一天都不是你的

赖莎的丈夫去世了，同时也带走了她所有的快乐，她感觉生活越发苦闷。

赖沙每次上街都要经过一幢老房子，房子前面有一个小得不能再小的院子。不过，那泥地院子总是被扫得干干净净，坚实的地上摆满了一盆盆争妍斗奇的鲜花。

有个身材纤小的女人经常身系围裙，在院子里扫地、修花、剪草。她甚至把那些从无数飞驰而过的汽车上抛下的废物也捡走。

这个院子正在修筑新的栅栏。那栅栏筑得很快，赖莎每次驾车经过那房子时，都会留意它的进展。那个女人在它上面加了个玫瑰花棚架和一个凉亭。他把栅栏漆成乳白色，然后给那房子四周也涂上了同样颜色，使它光彩照人。

有一天，赖莎把车子停在路旁，对那道栅栏凝望了很久。木匠把它造得太好了，她有点舍不得离开，于是把发动机关掉，走下车去摸摸那道白色的栅栏。栅栏上的油漆味尚未消散。她听见那女人在里面转动割草机的曲柄，想发动机器。

"你好！"赖莎挥手喊她。

"啊，你好！"那女人站起来，用围裙擦擦手。

"我很喜欢你的栅栏。"赖莎告诉她。

她朝赖莎看了看，微微一笑道："来前廊坐坐，我把这栅栏的故事讲给你听。"

她们走上后面的楼梯，跨过磨旧了的地毯，越过木板地，走到了前廊。

"请坐在这里，"女主人热情地说。

赖莎坐在门廊上喝着香浓的咖啡，看着那道漂亮的白栅栏，心里突然欣喜万分。

"这白栅栏不是为我自己做的，"女主人开始述说这栅栏的故事，"这房子现在只有我一个人住，丈夫早已去世，儿女们也都搬走独自生活去了。但我看到每天有那么多人经过这里，我想，

人间值得：
以自己喜欢的方式过一生

如果我让他们看到一些真正好看的东西，他们一定会很开心。现在大家都看我的栅栏，向我挥手。有些人像你一样，甚至停下车来，到门廊上坐下聊天。"

"但路在不断地拓宽，这里在不断地改变，你的院子也越变越小，这一切你难道一点都不在乎吗？"赖莎忍不住问道。

"改变是人生不可避免的，是生活中常有的事，它能陶冶你的性格，培养毅力。当你遇到不如意的事时，你有两个选择：怨天尤人，或者生活得更潇洒。"

赖莎离开时，女主人大声喊道："欢迎你随时再来。别把栅栏门带上，那样看起来更友善些。"

"别把栅栏门带上"，赖莎永远记住了这句话。

面对生活需要勇气

珍子家世代采珠，她有一颗珍珠是她母亲在她离开家赴美求学时给她的。

她离家前，珍子整日都在担心不能融入那个陌生的环境中。她母亲郑重地把她叫到一旁，给她这颗珍珠，告诉她说："当女工把沙子放进蚌的壳内时，蚌觉得非常的不舒服，但是又无力把沙子吐出去，所以蚌面临两个选择，一是抱怨，让自己的日子很不好过，另一个是想办法把这粒沙子同化，使它跟自己和平共处。于是蚌开始把它的精力营养分一部分去把沙子包起来。"

"当沙子裹上蚌的外衣时，蚌就觉得它是自己的一部分，不再是异物了。沙子裹上的蚌的成分越多，蚌越把它当作自己，就越能心平气和地和沙子相处。"

母亲启发她道："蚌并没有大脑，它是无脊椎动物，在演化的层次上很低，但是连一个没有大脑的低等动物都知道要想办法去适应一个自己无法改变的环境，把一个令自己不愉快的异己转变为可以默认它是自己的一部分，人的智能怎么会连蚌都不如呢？"

一面被生活流放，一面为它点亮火把

"人有悲欢离合，月有阴晴圆缺，此事古难全。"古人有古人的悲哀，可古人很看得开，他们把人世间的悲欢离合比作月的阴晴圆缺，一切全出于自然，其中有永恒不变的真理，它像一只无形的手在那里翻云覆雨，演绎着多色多味的世界。今人也有今人的苦恼，因为"此事古难全"。

苦恼和悲哀常常引起人们对生活的报怨，哀自己的命运苦，怨生活的不公。

沮丧失落的时候，我们对一切感到乏味，生活的天空阴云密布，看什么都不顺眼，像 T 恤衫上印着的：别理我，烦着呢！

　　面对高考落榜，面对失恋，面对解释不清的误会，我们的确不易很快地超脱。烦什么？你的敌人就是你自己，战胜不了自己，没法不失败；想不开、钻死胡同，全是自寻烦恼。

　　沮丧的时候，退归你生活的角落，去充电、打气。选几张 CD，京剧、越剧、歌曲、乐曲什么都成，边听边练毛笔字，书写龚自珍的诗"霜豪掷罢倚天寒"，多带劲！"不是逢人苦誉君，亦狂亦侠亦温文"，多亲切！你还想发泄一下，那就大声唱出来："我站在烈烈风中，恨不能荡尽绵绵心痛；看苍天，四方云动，剑在手，问天下谁是英雄……"渐渐地排遣了沮丧，焕发了新的振奋激情，环视四周，发现一切正常，你的消沉、你的低落、你的怨愤没有任何意义，既然如此，何不让自己回归正常？不要总跟自己过不去。

　　试试看，每天吃一颗糖，然后告诉自己——今天的日子，果然是甜的！

　　有时候，我们应该走出去或登到顶上去，你会看到另一番景象："日照香炉生紫烟，遥看瀑布挂前川，飞流直下三千尺，疑是银河落九天。"

　　我们看清了自己，再来看生活，也许多了几分宽容在里面，生活本身，并不是可以实现所有幻想的万花筒，生活和我们是相互选择的，不该过分计较生活的失言，生活本来就没有承诺过什么。它所给予的，并不总是你应当得到的，而你所能取得的，是凭你不懈的真诚和执着得到的。

原谅生活是一种积极有效的方式，原谅生活，不是可以淡漠所有的不公，不是为了超脱凡世的恩怨，而是要正视生活的全部，以缓解和慰藉深深的不幸。相信生活，才能原谅生活，如果你的桅杆折断，不论是你自己的错，还是生活的错，都不该再悲哀地守着荡舟的孤独。

请重新支起新的桅杆！

原谅生活，是为了更好地生活。

要尊重自己，学会说"不"

罗恩刚参加工作不久，姑妈来到这个城市看他。罗恩陪着姑妈把这个小城转了转，就到了吃饭的时间。

罗恩身上只有 50 美元，这已是他所能拿出招待对他很好的姑妈的全部资金，他很想找个小餐馆随便吃一点，可姑妈偏偏相中了一家很体面的餐厅。罗恩没办法，只得硬着头皮随她走了进去。

两人坐下来后，姑妈开始点菜，当她征询罗恩意见时，罗恩只是含混地说："随便，随便。"此时，他的心中七上八下，放在衣袋中的手紧紧抓着那仅有的50美元。这钱显然是不够的，怎么办？

可是姑妈一点也没注意到罗恩的不安，她不住口地夸赞这儿可口的饭菜，中途姑妈看到邻桌有一杯很诱人的香草冰激凌，便将侍者叫来询问价格，侍者说那是本店推出的新品，特价15美元一杯。姑妈问罗恩要不要来一杯，罗恩多么想说"不"啊，但他看到姑妈那么喜欢的样子，便鬼使神差般地说了句："来两杯吧！"

姑妈吃得很高兴，不时发出赞叹声，可罗恩却什么味道都没吃出来。

最后的时刻终于来了，彬彬有礼的侍者拿着账单，径直向罗恩走来，罗恩张开嘴，却什么也没说出来。

姑妈温和地笑了，她拿过账单，把钱给了侍者，然后盯着罗恩说："孩子，我知道你的感觉，我一直在等你说不，可你为什么不说呢？要知道，有些时候一定要勇敢坚决地把这个字说出来，这是最好的选择。我来这里，就是想要让你知道这个道理。不过，还是感谢你请姑妈吃了一顿大餐，今天好像的确吃得太多了一些，平时我吃两片面包、一杯牛奶就够了。"

这一课对所有的人都很重要：在你力不能及的时候要勇敢地把"不"说出来，否则你将陷入更加难堪的境地。

学会说"不"，是种自我尊重，尊重了自己之后，别人才会尊重我们。

做人岂能完美，接受真实的自己

美国心理学家纳撒尼尔·布兰登举过一个他亲身经历的例子。

许多年前，一位叫洛蕾丝的 24 岁的年轻妇女无意中读了他的一本书，便找他来进行心理治疗。洛蕾丝有一副天使般的面孔，可骂起街来粗俗不堪，她曾吸毒、卖淫。

布兰登说，她做的一切都使我讨厌，可我又喜欢她，不仅因为她的外表相当漂亮，而且因为我确信在堕落的表象下她是个出色的人。

起初，我用催眠术使她回忆她在初中是个什么样的女孩子。她当时很聪明，但是不敢表现自己，怕引起同学的忌妒。她在体育上比男孩强，招惹来一些人的讽刺挖苦，连她哥哥也怨恨她。我让她做相关的心理练习，她哭泣着写了这样一段话：你信任我，你没有把我看成坏人！你使我感到痛苦，也感到了希望！你把我带到了真实的生活，我恨你！

一年半后，洛蕾丝考取洛杉矶大学学习写作，几年后成为一名记者，并结了婚。10 年后的一天，我和她在大街上相遇，我几乎认不出她了：衣着华丽，神态自若，生机勃勃，丝毫不见过去的创伤。寒暄后，她说："你是没有把我当成坏人看待的那个人，

人间值得：
以自己喜欢的方式过一生

你把我看作一个特殊的人，也使我看到了这一点。那时我非常恨你！承认我是谁，我到底是什么人，这是我一生中从未遇到的事。人们常说承认自己的缺点是多么不容易的事，其实承认自己的美德更难。"

真正面对成功，就必须学会放弃完美，不追求完美，因为我们的确不是完美无缺的。这是一个令人宽慰的事实，我们越早接受这一事实，就越能及早地向新的目标迈进，这是人生的真谛。

没有自我接受、自我肯定这个先决条件，我们怎么会改进和提高呢？

你站在一面穿衣镜前，观察自己的面孔和全身。你可能喜欢某些部分，而不喜欢另外某些部分。有些地方可能不怎么耐看，使你感到不安，但如果你看自己不喜欢的样子，请你不要逃避，不要抵触，不要否认自己的容貌。这个时候你就需要放弃完美，放弃"公有化"的标准，而用自己的标准来看待自己。否则你就无法自我接受、自我肯定。

法国大思想家卢梭说得好："大自然塑造了我，然后把模子打碎了。"这话听起来似乎有点深奥，其实说的是实在话，可惜的是，许多人不肯接受这个已经失去了模子的自我，于是就用自以为完美的标准，即公共模子，把自己重新塑造一遍，结果彼此就变得如此相似，都失去了自我。

"成为你自己！"这句格言之所以知易行难，道理就在于此。

失去了自我，失去了个性与自我意识，还谈什么改进和提高呢？

应当怎么办？你要用自己的眼光注视镜子里边的自我形象，并试着对自己说："无论我的什么缺陷，我都无条件地完全接受，并尽可能喜欢我自己的模样。"你可能想不通：我明明不喜欢我身上的某些东西，我为什么要无条件地完全接受呢？

接受意味着接受事实，是承认镜子里的面孔和身体就是自己的模样。接受自己承认事实，你会觉得轻松一点，感到真实和舒服了。慢慢地，你就会体会到自我接受与自信自爱之间相辅相成的关系。我们学会接受自我，才会构建属于自己的头脑。

有错过，有遗憾，这才是人生

吃了亏的人说："吃亏是福。"

丢了东西的人说："破财免灾。"

胆子小的人说："出头的椽子先烂。"

侥幸逃过一劫的人说："大难不死，必有后福。"

受欺压的人说："不是不报，时候未到。"

卸任官员说："无官一身轻。"

官场失意者说："塞翁失马，焉知非福。"

生了女孩的父母说："养女儿是福气，养儿子是名气。"

没钱人的太太说："男人有钱就变坏。"

惧内的丈夫说："有人管着好呀，啥事都不用操心。"

夫不下厨，妻跟人说："整天围着锅台转的男人没出息。"

住在顶楼的人说："顶楼好呀，上下楼锻炼身体，空气新鲜，还不会有人骚扰。"

住在一楼的人说："一楼好呀，出入方便，省得爬楼梯，怪累的。"

某人被老板炒了鱿鱼，他对人说："我把老板给炒了。"

我们每一个人所拥有的财物，无论是房子、车子、金子……无论是有形的，还是无形的，没有一样是属于自己的。智者把这些财富统统视为身外之物。

卡耐基说："要是我们得不到我们希望的东西，最好不要让忧虑和悔恨来苦恼我们的生活。"且让我们原谅自己，学得豁达一点。根据古希腊哲学家艾皮科蒂塔的说法，哲学的精华就是：一个人生活上的快乐，应该来自尽可能减少对外在事物的依赖。罗马政治学家及哲学家塞涅卡也说："如果你一直觉得不满，那么即使你拥有了整个世界，也会觉得伤心。"且让我们记住，即使我们拥有整个世界，我们一天也只能吃三餐，一次也只能睡一张床，即使是一个挖水沟的工人也可如此享受，而且他们可能比洛克菲勒吃得更津津有味，睡得更安稳。

"身外物，不眷恋"是思悟后的清醒。它不但是超越世俗的大智大勇，也是放眼未来的豁达襟怀。谁能做到这一点，谁就会活得轻松，过得自在，遇事想得开、放得下。

你的人生还差那么一点洒脱

"生活是沉重的"，他一直这样认为，以致有一天他觉得被压得有些喘不过气来了，便向一位禅师求助，寻求解脱之法。

禅师听明他的来意，递给他一个竹篓背在肩上，笑着说："我正要去南山取些彩石，你与我同行吧。见到美丽的石头便捡到竹篓中吧。"他同意了。

路上，每走两步就能见到一块美丽的石头，他把它们都装在了竹篓里。过了一会儿，禅师问他有什么感觉。他说："觉得越来越沉重。"禅师说："这也就是你为什么感觉生活越来越沉重的道理。当我们来到这个世界上时，我们每人都背着一个空篓子，然而我们每走一步都要从这世界捡一样东西放进去，所以才有了越走越累的感觉。"

他问："有什么办法可以减轻这沉重呢？"

禅师问："那么你愿意把工作、爱情、家庭、友谊哪一样拿出来呢？"

那人不语。

禅师说："我们每个人的篓子里装的不仅仅是精心从这个世界

上寻找来的东西，还有责任，当你感到沉重时，也许你应该庆幸自己不是国王，因为他的篓子比你的大多了，也沉多了。"

算起来，人最轻松的时候，一是出生时，一是死亡时。出生时赤条条而来，背的是空篓子；死亡时，则要把篓子里的东西倒得干干净净，又是赤条条而去。除此之外，一个人的一生，就是不断地往自己的篓子里放东西的过程。得了金钱，又要美女；得了豪宅，又要名车；得了地位，还要名声。生怕自己篓子里的东西比别人少，哪怕是如牛负重，心为形役。这又岂能不累？要想真不累，其实也容易得很，只消把背篓里的东西扔出去几样。可每往篓子外扔一件东西，我们都会心疼。那就干脆换个思路，给自己找心理平衡。当你感到生活篓子里的东西太重因而步履蹒跚的时候，你不妨看看左邻右舍羡慕的眼光，看看他们同样也在拼命地往篓子里捡东西，你就会安慰自己，你装的东西多，是你的本事大，别人想装还装不进来呢。

你还得明白，篓子里的东西越多，你的责任就越大。譬如说吧，你打算娶一个美女为妻，也就是说往篓子里放一件人人羡慕的宝贝，那么你在获得美女情爱的时候，责任也就来了：美女的花费肯定比一般女人要高，脾气更怪，被人觊觎、受人勾引的概率也更大，你可能要经常处在猜忌、恐慌、羞耻、愤慨的情绪中。但你与漂亮太太走在街头换来的无数羡慕的眼光，或许就是对你的弥补。生活就是这样，你要想在篓子里多装东西，就得比别人更辛苦。既然样样都难以割舍，那就不要想背负的沉重，而去想拥有的快乐。

人要活出一点味道，活得有点境界，就得学会摆脱紧张。而摆脱紧张的最好办法就是洒脱。洒脱既可以说是一种外在的行为方式，也可以被看作一种内在的精神境界。一个人要想洒脱，首先就要调整好自己的心态，淡化功利意识，不要把自己看得那么重要。不妨设想一下，这个世界不管离开了谁，地球不都照转吗？人的功利意识或者说使命意识太强，相对来说，其精神负担就大，其压力就大，也就必然活得比常人紧张。但是，也有身负重任者忙中偷闲。有的人即使担当天下大任，也能够表现出一种闲态，比如在军事活动频繁之时，诸葛亮仍旧羽扇纶巾，这是一种潇洒，也是一种品质。只有这种闲情逸致才能养成他们临事不惊的本领。苏东坡为官时不也很有一番洒脱情致吗？

洒脱是一种境界。洒脱不一定需要太多，只要有那么一点，对于你的身心都有好处。

丑不要紧，你是独一无二的

世上很多人不能走出生存困境的人都是因为对自己信心不足，他们就像脆弱的小草一样，毫无信心去经历风雨，这是一种可怕的自卑心理。所谓自卑，就是轻视自己，自己看不起自己。

自卑心理严重的人，并不一定是其本身具有某些缺陷或短处，而是不能悦纳自己，自惭形秽，常把自己放在一个低人一等、不被自己喜欢，进而演绎成别人也看不起的位置，并由此陷入不能自拔的痛苦境地，心灵笼罩着永不消散的愁云。

王璇本来是一个活泼开朗的女孩，后来被自卑折磨得一塌糊涂。

王璇在一家大型的日本企业上班，毕业于某著名语言大学。大学期间的王璇是一个十分自信、从容的女孩。她的学习成绩在班级里名列前茅，是男孩追逐的焦点。

然而，最近，王璇的大学同学惊讶地发现，王璇变了，原先活泼可爱、整天嘻嘻哈哈的她，像换了一个人似的，不但变得羞羞答答，甚至其行为也变得畏首畏尾，而且说起话、干起事来都显得特别不自信，和大学时判若两人。

每天上班前，她会为了穿衣打扮花上整整两个小时的时间。为此她不惜早起，少睡两个小时。她之所以这么做，是怕自己打扮不好，遭到同事或上司的取笑。在工作中，她更是战战兢兢、小心翼翼，甚至到了谨小慎微的地步。

原来到日本公司后，王璇发现日本人的服饰及举止显得十分高贵及严肃，让她觉得自己土气十足，上不了台面。于是她对自己的服装及饰物产生了深深的厌恶。第二天，她就跑到服饰精品商场去了。可是，由于还没有发工资，她买不起那些名牌服装，只能悻悻地回来了。

在公司的第一个月，王璇是低着头度过的。她不敢抬头看别人穿的名牌西服、名牌裙子，因为一看，她就会觉得自己穷酸。

那些日本女人或早于她进入这家公司的中国女人大多穿着一流的品牌服饰，而自己呢，竟然还是一副穷学生样。每当这样比较时，她便感到无地自容，她觉得自己就是混入天鹅群的丑小鸭，心里充满了自卑。

服饰还是小事，令王璇更觉得抬不起头来的是她的同事们平时用的香水都是洋货。她们所到之处，处处清香飘逸，而王璇自己用的却是一种廉价的香水。

女人与女人之间，聊起来无非是生活上的琐碎小事，主要的是衣服、化妆品、首饰，等等。

而关于这些，王璇几乎插不上嘴。这样，她在同事中间就显得十分孤立。

在工作中，王璇也觉得很不如意。由于刚踏入工作岗位，工作效率不是很高，不能及时完成上司交给的任务，有时难免受到批评，这让王璇更加拘束和不安，甚至开始怀疑自己的能力。

此外，王璇刚进公司的时候，她还要负责做清洁工作。看着同事们悠然自得地享用着她倒的开水，她就觉得自己与清洁工无异，这更加深了她的自卑意识……

像王璇这样的自卑者，总是一味轻视自己，总感到自己这也不行、那也不行，什么也比不上别人。

怕正面接触别人的优点，回避自己的弱项，这种情绪一旦占据心头，犹豫、忧郁、烦恼、焦虑便纷至沓来。

每一个人都有其优势，都有其存在的价值。自卑是一种没有必要的自我没落。

一个人如果陷入了自卑的泥潭，他能找到一万个理由说自己如何不如别人，比如我个子矮、我长得黑、我眼睛小、我不苗条、我嘴大、我有口音、我汗毛太多、我父母没地位、我学历太低、我职务不高、我受过处分、我有病，乃至我不会吃西餐，等等，可以找到无数种理由让自己自卑。由于自卑而焦虑，于是注意力分散了，从而破坏了自己的成功，导致失败，失败—自卑—焦虑—分散注意力—失败，这就是自卑者制造的恶性循环。

不翻篇，你永远不会知道下一章写得更好

没有一个人是没有过失的，如果有了过失能够下决心去修正，即使不能完全改正，只要继续不断地努力下去，也是好的。徒有感伤而不做切实的补救工作，是最要不得的！

哈蒙是一位商人，四处旅行，忙忙碌碌。当与全家人共度周末时，他非常高兴。他年迈的双亲住的地方，离他的家只有一个小时的路程。哈蒙也非常清楚自己的父母是多么希望见到他和他的家人。但他总是寻找借口尽可能不到父母那里去，最后几乎发

展到与父母断绝往来的地步。不久，他的父亲死了，哈蒙好几个月都陷于内疚之中，回想起父亲曾为自己做过的所有好事情。他埋怨自己在父亲有生之年未能尽孝心。在最初的悲痛平定下来后，哈蒙意识到，再大的内疚也无法使父亲死而复生。认识到自己的过错之后，他改变了以往的做法，常常带着全家人去看望母亲，并一直同母亲保持密切的电话联系。

再看一下赫莉的故事。

赫莉的母亲很早便守寡，她勤奋工作，以便让赫莉能穿上好衣服，在城里较好的地区住上令人满意的公寓，能参加夏令营，上名牌大学。赫莉的母亲为女儿牺牲了一切。当赫莉大学毕业后，找到了一个报酬较高的工作。她打算独自搬到一个小型公寓去，公寓离母亲的住处不远，但人们纷纷劝她不要搬，因为母亲为她做出了那么大的牺牲，现在她撇下母亲不管是不对的。赫莉感到有些内疚，并同意与母亲住在一起。后来她看上了一个青年男子，但她母亲不赞成她与他交朋友，强有力的内疚感再一次作用于赫莉。几年后，为内疚感所奴役的赫莉，完全处于她母亲的控制之下。而到最终，她又因负疚感造成的压抑毁了自己，并为生活中的每一个失败而责怪自己和自己的母亲。

当然，处在某种情境之下，我们的头脑会被外在因素所控制而不再清醒，不自觉地陷在内疚的泥潭里无法自拔。这时候既需要有人当头棒喝，更需要自己毅然决然做出选择。

第五章

请相信，世界定会
对你温柔相待

做对的，从不忏悔；做错的，必须赎罪

在意大利瓦耶里市的一个居民区里，35 岁的玛尔达是个备受人们议论的女人。她和丈夫比特斯都是白皮肤，但她的两个孩子中却有一个是黑色的皮肤。

这个奇怪的现象引起周围邻居的好奇和猜疑，玛尔达总是微笑着告诉他们，由于自己的祖母是黑人，祖父是白人，所以女儿莫妮卡出现了返祖现象。

2002 年秋，黑皮肤的莫妮卡接连不断地发高烧。后经安德烈医生诊断说莫妮卡患的是白血病，唯一的治疗办法是做骨髓移植手术。玛尔达让全家人都做了骨髓配型实验，结果没一个合适的。医生又告诉他们，像莫妮卡这种情况，寻找合适骨髓的概率是非常小的。还有一个行之有效的办法，就是玛尔达与丈夫再生一个孩子，把这个孩子的脐血输给莫妮卡。这个建议让玛尔达怔住了，她失声说："天哪，为什么会这样？"她望着丈夫，眼里弥漫着惊恐和绝望。丈夫比特斯也眉头紧锁。

第二天晚上，安德烈医生正在值班，突然值班室的门被推开了，是玛尔达夫妇。他们神色肃穆地对医生说："我们有一件事要

人间值得：
以自己喜欢的方式过一生

告诉您，但您必须保证为我们保密。"医生郑重地点点头。

"1992年5月，我们的大女儿伊莲娜已2岁，玛尔达在一家快餐店里上班，每晚10点才下班。那晚下着很大的雨，玛尔达下班时街上已空无一人。经过一个废弃的停车场时，玛尔达听到身后有脚步声，惊恐地转头看，一个黑人男青年正站在她身后，手里拿着一根木棒，将她打昏，并强奸了她。等到玛尔达从昏迷中醒来，踉跄地回到家时，已是凌晨1点多了。我当时发了疯一样冲出去，可罪犯早已没影了。"说到这里，比特斯的眼里已经蓄满了泪水。

他接着说："不久后，玛尔达发现自己怀孕了。我们感到非常的害怕，担心这个孩子是那个黑人的。玛尔达想打掉胎儿，但我还是心存侥幸，也许这孩子是我们的。我们惶恐地等待了几个月。1993年3月，玛尔达生下了一个女婴，是黑色的皮肤。我们绝望了。曾经想过把孩子送到孤儿院，可是一听到她的哭声，我们就舍不得了。毕竟玛尔达孕育了她，她也是条生命啊。我和玛尔达都是虔诚的基督徒，我们最后决定养育她，给她取名莫妮卡。"

安德烈医生终于明白这对夫妻为什么这么惧怕再生个孩子。良久，他试探着说："看来你们必须找到莫妮卡的亲生父亲，也许他的骨髓，或者他孩子的骨髓能适合莫妮卡。但是，你们愿意让他再出现在你们的生活中吗？"玛尔达说："为了孩子，我愿意宽恕他。如果他肯出来救孩子，我是不会起诉他的。"安德烈医生被这份深沉的母爱深深地震撼了。

人海茫茫，况且事隔多年，到哪里去找这个强奸犯呢？玛尔达和比特斯考虑再三，决定以匿名的形式，在报纸上刊登一则寻人启事。

2002年11月，在瓦耶里市的各家报纸上，都刊登着一则特殊的寻人启事，恳求那位强奸者能站出来，为那个可怜的白血病女孩子做最后的拯救。

启事一经刊出，引起了社会的强烈反响。安德烈医生的信箱和电话都被打爆了，人们纷纷询问这个女人是谁，他们很想见见她，希望能给她提供帮助。但玛尔达拒绝了人们的关心，她不愿意透露自己的姓名，更不愿意让别人知道莫妮卡就是那个强奸犯的女儿。

当地的监狱也积极帮助玛尔达。但罪犯都不是当年强奸她的那个黑人。

这则特殊的寻人启事出现在那不勒斯市的报纸上后，一个30多岁的酒店老板的心里起了波澜。他是个黑人，叫阿里奇。由于父母早逝，没有读多少书的他很早就工作了。聪明能干的他希望用自己的勤劳换取金钱以及别人的尊重，但他的老板是个种族歧视者，不论他如何努力，换来的都是非打即骂。1992年5月17日，那天是阿里奇20岁生日，他打算早点下班庆贺一下生日，哪知忙乱中打碎了一个盘子，老板居然按住他的头逼他把盘子碎片吞掉。阿里奇愤怒地给了老板一拳，冲出餐馆。怒气未消的他决定报复白人，雨夜的路上几乎没有行人，他在停车场里遇到玛尔达，出于对种族歧视的报复，他无情地强奸了那个无辜的女人。

当晚他用过生日的钱买了一张开往那不勒斯市的火车票，逃离了这座城市。在那不勒斯，阿里奇顺利地在一个美国人开的餐馆里找到工作，那对夫妇很欣赏勤劳肯干的他，还把女儿丽娜嫁给了他，甚至把整个餐馆委托他经营。几年下来，他不但把餐馆发展成了一个生意兴隆的大酒店，还有了 3 个可爱的孩子。

这些天，阿里奇几次想拨通安德烈医生的电话，但每次电话号码还未拨完，他就挂断了。

那天晚上吃饭的时候，全家人和往常一样议论着报纸上的有关玛尔达的新闻。妻子丽娜说："我非常敬佩这个女人。如果换了我，是没有勇气将一个因被强奸而生下的女儿养大的。我更佩服她的丈夫，他真是个值得尊重的男人，竟然能够接受一个这样的孩子。"

阿里奇默默地听着妻子的谈论，突然问道："那你怎么看待那个强奸犯呢？"

"我绝不能宽恕他，当年他就已经做错了，现在关键时刻他又缩着头。他实在是太卑鄙，太自私，太胆怯了！他是个胆小鬼！"妻子义愤填膺地说。

一夜未眠的阿里奇觉得自己仿佛在地狱里煎熬，眼前总是不断地出现那个罪恶的雨夜和那个女人的影子。

几天后，阿里奇无法沉默了，他在公共电话亭里给安德烈医生打了个匿名电话。他极力让自己的声音显得平静："我很想知道那个不幸女孩的病情。"安德烈医生告诉他，女孩病情严重，还不知道她能不能等到亲生父亲出现的那一天。

这话深深地触动了阿里奇，一种父爱在灵魂深处苏醒了，他决定站出来拯救莫妮卡。那天晚上他鼓起勇气，把一切都告诉了妻子。

丽娜听完了这一切气愤地说："你这个骗子！"当她把阿里奇的一切都告诉父母时，这对老夫妇在盛怒之后，很快就平静下来了。

他们告诉女儿："是的，我们应该对阿里奇过去的行为愤怒，但是你有没有想过，他能够挺身而出，需要多么大的勇气！这证明他的良心并未泯灭。你是希望要一个曾经犯过错误，但现在能改正的丈夫，还是要一个永远把邪恶埋在内心的丈夫呢？"

2003年2月3日，阿里奇夫妇与安德烈医生取得联系，2月8日，阿里奇夫妇赶到伊丽莎白医院，医院为阿里奇做了DNA检测，结果证明阿里奇的确就是莫妮卡的生父。当玛尔达得知那个黑人强奸犯终于勇敢地站出来时，她热泪横流。她对阿里奇整整仇恨了10年，但这一刻她充满了感动。

2月19日，医生为阿里奇做了骨髓配型实验，幸运的是他的骨髓完全适合莫妮卡，医生激动地说："这真是奇迹！"

2003年2月22日，阿里奇的骨髓输入了莫妮卡的身体，很快，莫妮卡就度过了危险期。一周后，莫妮卡就健康地出院了。

玛尔达夫妇完全原谅了阿里奇，盛情邀请他和安德烈医生到家里做客。但那一天阿里奇没有来，他托安德烈医生带来了一封信。在信中他愧疚万分地说："我不能再去打扰你们平静的生活了。我只希望莫妮卡和你们幸福地生活在一起，如果你们有什么困难，请告诉我，我会帮助你们！同时，我也非常感激莫妮卡，从某种意义上说，是她给了我一次赎罪的机会，是她让我拥有了一个快乐的后半生，是她送给我一份最宝贵的礼物！"

世上美好的东西，都留给满腔热情的人

程韵终于决定搬家了。搬家的念头从一年前就一直困扰着程韵，同时困扰着他的还有工作的不顺和生活的挫折。身为工程师的程韵已人过中年，事业却毫无起色，仍是一个"高级"的打工仔；与妻子结婚 8 年，经历了一个"持久战"，原来的甜美与温馨已被生活的琐事和平淡冲击得荡然无存。程韵最近常常无端地发脾气，抱怨别人见利忘义。终于，在经历了又一个失眠之夜后，他们搬家了。

程韵和妻子来到了另一个城市，搬进了新居。这是一幢普通的公寓楼。程韵依然忙于工作，早出晚归对身边的一切都未曾在意。

一个周末的晚上，程韵和妻子正在整理房间，突然，停电了，屋子里一片漆黑。他们在房间里翻来翻去也没有找到蜡烛，只好无奈地坐在地板上抱怨起来。

这时，门口突然传来轻轻的、断断续续的敲门声，打破了黑夜的寂静。

"谁呀？"程韵并不知道是谁会在这时拜访，因为他在这个城市并没有熟人，也不愿意在周末被人打扰。他感到莫名的烦躁，费力地摸到门口，极不耐烦地开了门。

门口站着一个小男孩，他怯生生地对程韵说："叔叔，我是您楼上的邻居。请问您有蜡烛吗？"

"没有！"程韵气不打一处来，"嘭"的一声把门关上了。

"真是麻烦！"程韵对妻子抱怨道，"现在都是些什么人，我们刚刚搬来就来借东西，这么下去怎么得了！"

就在他满腹牢骚的时候，门口又传来了敲门声。

打开门，门口站着的依然是那个小男孩，手里拿着两根蜡烛，红彤彤的，在这个黑暗的夜里，格外显眼。"妈妈说，楼下新来了邻居，可能没有带蜡烛来，要我拿两根给你们。"

程韵顿时愣住了，他被眼前发生的一幕惊呆了，好不容易才缓过神来。"谢谢你，孩子，也谢谢你的妈妈！"

在那一瞬间，程韵猛然意识到了很多，他明白了自己失败的根源就在于对别人的冷漠与刻薄。

程韵和妻子一起点燃了这两根蜡烛，看着跳动的火苗，他们感到心中明亮了许多。

永远不要让爱消失在你心里

我们应该彼此宽容，每个人都有弱点与缺陷，都可能犯下这样那样的错误。我们要竭力避免伤害他人，要以博大的胸怀宽容对方。

从前有一个富翁，他有三个儿子，在他年事已高的时候，富翁决定把自己的财产全部留给三个儿子中的一个。可是，到底要把财产留给哪一个儿子呢？富翁于是想出了一个办法。

他要三个儿子都花一年时间去游历世界，回来之后看谁做了最高尚的事情，谁就是财产的继承者。一年时间很快就过去了，三个儿子陆续回到家中，富翁要三个人都讲一讲自己的经历。大儿子得意地说："我在游历世界的时候，遇到了一个陌生人。他十分信任我，把一袋金币交给我保管，可是那个人意外地去世了，我就把那袋金币原封不动地又还给了他的家人。"二儿子自信地说："当我旅行到一个贫穷落后的村落时，看到一个可怜的小乞丐不幸掉到湖里了，我立即跳下马，从湖里把他救了起来，并留给他一笔钱。"三儿子犹豫地说："我，我没有遇到两个哥哥碰到的那种事，在我旅行的时候遇到了一个人，他很想得到我的钱袋，一路上千方百计地害我。我差点死在他手上。可是有一天我经过悬崖边，看到那个人正在悬崖边的一棵树下睡觉，当时我只要抬一抬脚就可以轻松地把他踢到悬崖下，我想了想，觉得不能这么做，正打算走，又担心他一翻身掉下悬崖，就叫醒了他，然后继续赶路。这实在算不了什么有意义的经历。"富翁听完三个儿子的话，点了点头说道："诚实、见义勇为都是一个人应有的品质，称不上高尚。有机会报仇却放弃，反而帮助自己的仇人脱离危险的宽容之心才是最高尚的。我的全部财产都是老三的了。"

富翁把宽容之心列为最高尚的，却也不无道理。

假如出现某种情况，你在憎恨别人时，心里总是愤愤不平，希望别人遭到不幸、惩罚，却又往往不能如愿，一种失望、莫名烦躁之后，使你失去了往日那轻松的心境和欢快的情绪，从而心理失衡；另外，在憎恨别人时，由于疏远别人，只看到别人的短处，言语上贬低别人，行动上敌视别人，结果使人际关系越来越僵，以致树敌结仇。

你"恨死了"别人，这种嫉恨的心理对你的不良情绪起了不可低估的作用。而且，今天记恨这个，明天记恨那个，结果朋友越来越少，对立面越来越多，严重影响人际关系和社会交往，成为"孤家寡人"。

在遭到别人伤害，心里憎恨别人时，不妨进行换位思考，假如你自己处于这种情况，会如何应对？当你熟悉的人伤害了你时，想想他往日在学习或生活中对你的帮助和关怀，以及他对你的好，这样，心中的火气、怨气就会大减，就能以包容的态度谅解别人的过错或消除相互之间的误会，化解矛盾，和好如初。这样，包容的是别人，受益的却是自己。

琐碎的愉快有时胜过深长的道理

跳舞的时候便跳舞，睡觉的时候就睡觉。即使一个人在优美的花园中散步，倘若思绪一时转到与散步无关的事物上去，也要很快将思绪收回，想想花园，寻味独处的愉悦，思量一下自己。天性促使我们为保证自身需要而进行活动，这种活动也就给我们带来愉快。慈母般的天性是顾及这一点的，它推动我们去满足理性与欲望的需要，打破它的规矩就违背了情理。

我们知道恺撒与亚历山大就是在最繁忙的时候，仍然充分享受自然的，也就是必需的、正当的生活乐趣。这不是要使精神松懈，而是使之增强，因为要让激烈的活动、艰苦的思索服从于日常生活习惯，是需要有极大的勇气的。他们认为，享受生活乐趣是自己正常的活动，而战事才是非常的活动。他们持这种看法是明智的，而我们倒是些愚蠢的人。我们说："他一辈子一事无成。"或者说："我今天什么事也没有做……"怎么！你不是生活过来了吗？这不仅是最基本的活动，而且是我们诸种活动中最有光彩的。

"如果我能够处理重大的事情，我本可以表现出我的才能。"你懂得考虑自己的生活，懂得去安排它吧？那你就做了最重要的事情了。天性的表露与发挥作用，无须异常的境遇，它在各个方面乃至在暗中也都会表现出来，无异于在不设幕的舞台上一样。

我们的责任是调整我们的生活习惯，而不是盲从；是使我们的举止温文尔雅，而不是去打仗，去扩张领地。我们最辉煌、最光荣的事业乃是生活得惬意，一切其他事情，执政、致富、建造产业，充其量也只不过是这一事业的点缀和从属品。

没有过不去的事，只有过不去的心

有一位著名的建筑设计师，平生设计出了无数杰作。在66岁寿诞之日，他突然宣布：下一个设计便是自己的封笔之作。

惊闻此言，众多房地产商均来拜访他，希望与其合作。

设计师自有他的想法，他一生学富五车，阅历无数，深为现代建筑格局担忧。现在的房屋建筑把城市空间分割得支离破碎，楼房之间的绝对独立加速了都市人情的隔阂与冷漠。他要创建一种新的设计格局，力求在住户之间开辟一条交流和交往的通道，使人们相互之间不再隔离，而充满大家庭般的欢乐与温馨。

他的观点和理念深得一位颇具胆识和超前意识的房地产商的赞赏，出巨资请他设计。经过数月挑灯夜战，图纸出来了，不但业内人士一致叫好，媒体与学术界也交口称赞，房地产商更是信心十足，立马投资施工。

令人惊异的是，设计师的全新设计叫好不叫座，楼盘成交额始终处于低迷状态。

房地产商急了，赶快派遣公司信息部门去做市场调研。调研结果出来了，原来人们不肯掏钱不是设计的原因，是人们有许多的顾虑。虽然这样的设计令人耳目一新，活动空间也大了，但这样邻里之间会不会有更多的矛盾；孩子会不会更加难以看管；人员复杂，会不会有更多的入室抢劫、盗窃事件发生？

设计师听到这个反馈，心中充满了酸涩与无奈，他退还了所有的设计费，办理了退休手续，与老伴儿回乡下去了。临行前，他对众人感慨道："我一生设计无数，这是我一生最大的败笔，因为我只识图纸不识人啊！我们可以拆除隔断空间的砖墙，而人心之间那堵坚厚的墙又有谁能拆得掉呢？"

生活教会你：不要争强，但要很坚强

这是发生在日本的一则故事。

一个女人死了丈夫，家乡又遭受了灾祸，不得已，母亲带着两个孩子背井离乡，辗转各地，好不容易得到一个善良人家的同情，把一个仓库的一角租借给她们母子三人居住。

空间很小，只有三张榻榻米大小，她铺上一张席子，拉进一个没有灯罩的灯泡，一个炭炉、一个吃饭兼孩子学习两用的小木箱，还有几床破被褥和一些旧衣服，这是他们的全部家当。

为了维持生活，女人每天早晨6点离开家，先去附近的大楼做清扫工作，中午去学校帮助学生发食品，晚上到饭店洗碟子。结束一天的工作回到家里已是深夜十一二点钟了。于是，家务的担子全都落在了大儿子身上。

为了一家人能活下去，女人披星戴月，从没睡过一个安稳觉，可生活还是那么清苦。她们就这样生活着，半年、8个月、10个月……做母亲的不忍心孩子们跟她一起过这种苦日子。她想到了死，想和两个孩子一起离开人间，到丈夫所在的地方去。

这一天，女人泡了一锅豆子，早晨出门时，给大儿子留下一张条子："锅里泡着豆子，把它煮一下，晚上当菜吃，豆子煮熟时少放点酱油。"

又经过了一天的辛劳和疲惫，女人偷偷买了一包安眠药带回家，打算当天晚上和孩子们一块儿死去。

她打开房门，见两个儿子已经钻进席子上的破被褥里，并排入睡了。忽然，女人发现大儿子的枕边放着一张纸条，便有气无力地拿了起来。上面这样写道：

"妈妈，我照您条子上写的那样，认真地煮了豆子，豆子烂了时放进了酱油。不过，晚上盛出来给弟弟当菜吃时，弟弟说太咸了，不能吃。弟弟只吃了点冷水泡饭就睡觉了。

"妈妈，实在对不起。不过，请妈妈相信我，我的确是认真煮豆子的。妈妈，尝一粒我煮的豆子吧。而且，明天早晨不管您起得多早，都要在您临走前叫醒我，再教我一次煮豆子的方法。

"妈妈，我们知道您已经很累了。我心里明白，妈妈是在为我们操劳。妈妈，谢谢您。不过请妈妈一定保重身体。我们先睡了。妈妈，晚安！"

女人的泪水夺眶而出。

"孩子年纪这么小，都在顽强地伴着我生活……"母亲坐在孩子们的枕边，伴着眼泪一粒一粒地品尝着孩子煮的咸豆子。一种信念在她的心中升腾而起：我选择坚强地活下去。

女人摸摸装豆子的布口袋，里面正巧剩下一粒豆子。她把它捡出来，包进大儿子给她写的信里，她决定把它当作护身符带在身上。

坚持，就是在犹豫的时刻决定继续往前走

旱季来了，河床就要干涸了，曾经湍急的河流已经变成了一个个小水洼，烈日下，龟裂的河床在急速扩展，远处，却隐隐传来了大江的涛声，鱼儿们从一个水洼跳到另一个水洼，奔涛声而去。

"还有多远呢？"一个不大的水洼里，一条大鱼喘着粗气，问躺着歇息的一尾小鱼。

"远着呢！别费劲了，到不了大江的。"小鱼悠然地在水洼里游了一圈说，"做什么大江的梦啊，现实点，就在这儿待着吧！"

"可用不了多久，这水洼里的水就会干的。"

"那又怎样？长路漫漫，你又能走多远？离大江五十步和离大江一百步有什么区别？结局都是一样的，要看结局，懂吗？"

"即便真的到不了大江，只要我已经尽力了，也不后悔。"

"你已经遍体鳞伤了，老兄！"小鱼自如地扭动着自己保养得很好的身体，嘲弄着在小水洼里已经转不开身的大鱼："像你这样笨重的身体，不老老实实在原处待着，还奔什么大江啊？你以为自己还年轻啊？就算真的有鱼能到达大江，也不可能是你！"

小鱼戳到了大鱼的痛处，它望着小鱼说："真的很羡慕你们有如此娇小的身材，在越来越浅的水洼里，只有你们才能自如地呼吸，可是，再苦再难，我们大鱼也得朝前奔啊，我们也得把握自己的命运。"大鱼说完，一个纵身，跳入了下一个水洼，它听见了小鱼的嘲笑声。它知道，自己的动作很笨拙，它看见自己的鱼鳞又脱落了几片，而肚皮已渗出斑斑血迹，但它对自己说："此时此刻，除了向前，已别无选择。"

水洼的面积越来越小，大鱼知道，前面的路将越发艰难，它已很难再喝到水了，偶尔滋润干唇的是自己的泪。沿途，它看见大片大片的鱼变成了鱼干，其中，有许多是比它灵活得多的小鱼。

每一个水洼里都躺着懒得再动的伙伴，它们大口大口地喘着粗气，对大鱼说："别跳了，省点力气吧！没用的。"而大鱼却

人间值得：
以自己喜欢的方式过一生

分明听见了越来越近的涛声。"坚持，"它对自己说，"唯有坚持，才有希望。"

不知跳了多久，大鱼终于看见了大江的波涛，可是，它的体力已经在长途跋涉中消耗殆尽，通向大江的路上，最后的一个水洼也干涸了，虽然只有一步之遥，可大鱼想，它是到不了大江了。就在这时，它听见了水声，接着，便看见一股小小的水流缓缓流来，这是行将干涸的河床在这个夏季最后的一股水流吧？！大鱼抓住了这个机会，在水流的帮助下，一鼓作气奔向大江。而那些留在水洼里的鱼儿，却只是让这股水流稍稍往前带出了一小步而已，大江离它们依旧遥不可及。而干旱却以无法阻挡的步伐占领了这片土地。

在这个世界上，只有强者才能掌握自己的命运，就像故事中的大鱼一样，以一种永不屈服的斗志、昂扬的精神和毅力，克服了种种困难，奔入大江，拥有自由，延展生命。

请不要为了那已消逝的而惆怅

世间最可怕的衰老是心态的衰老，如果你有一个年轻的体魄，却有一颗衰老的心，那会比你有一个衰老的身体还要可悲。没有什么可以挡得住你前进的脚步，擦亮你的眼睛，就会看到生活的希望，一切还皆有可能。时刻保持年轻的心态，你的生命也会常保绿色。

一天夜里，一场雷电引发的山火烧毁了美丽的"万木庄园"，这座庄园的主人迈克陷入了一筹莫展的境地。面对如此大的打击，他痛苦万分，闭门不出，茶饭不思，夜不能寐。

转眼间，一个多月过去了，年已古稀的外祖母见他还陷入悲痛之中不能自拔，就意味深长地对他说："孩子，庄园成了废墟并不可怕，可怕的是，你的眼睛失去了光泽，一天一天地老去。一双老去的眼睛，怎么能看得见希望……"

迈克在外祖母的说服下，决定出去转转。他一个人走出庄园，漫无目的地闲逛。在一条街道的拐弯处，他看到一家店铺门前人头攒动。原来是一些家庭主妇正在排队购买木炭。那一块块躺在纸箱里的木炭让迈克的眼睛一亮，他看到了一线希望，急忙兴冲冲地向家中走去。

在接下来的两个星期里，迈克雇了几名烧炭工，将庄园里烧焦的树木加工成优质的木炭，然后送到集市上的木炭经销店里。

很快，木炭就被抢购一空，他因此得到了一笔不菲的收入。他用这笔收入购买了一大批新树苗，一个新的庄园初具规模了。

几年以后，"万木庄园"再度绿意盎然。

庄园废了并不可怕，可怕的是心灵成了废墟，在困境来临的时候，不被困境吓倒，而是保持积极的心态，困难就会被你击倒。

第六章

生命总有梦已过，

总有梦能圆

生命造就了未来希望，但梦想比条件更重要

卢·霍兹是韩裔美国人。他在 28 岁的时候担任了南卡罗来纳州立大学橄榄球队的助理教练。

然而，一天，他正在家里读早间新闻报，忽然感到身体变得僵硬起来。因为他看到了这样一则报道：南卡罗来纳州立大学校长表示即将解散橄榄球队原有的教练团队，组建新的教练阵容！

他马上意识到，自己的饭碗可能不保了。

果然不出所料，第二天，校长告诉他及球队所有队员，因为球队原教练已经辞职，他决定寻找新的教练来填补空缺，而作为聘用条件之一，新任教练可能会带来自己的助理教练团队。

对于从 9 岁就开始工作的卢·霍兹而言，那是饱受煎熬的一个多月，他有一种深深的挫败感。最艰难的时候，他的银行账户里只剩下 10.95 美元，可一大家人都要吃饭生活，这让他备感压力。

看到他憔悴的样子，妻子心疼不已。她从书店买回了一本大卫·施瓦兹的《神奇大思维》送给了他，希望能帮他舒缓压力。

霍兹被妻子的关怀深深感动了，当天晚上，他就通宵达旦地

人间值得：
以自己喜欢的方式过一生

阅读那本书。看着看着，他忽然感到眼前一亮，有一句话跳进他的眼帘：想一想在死之前想要完成的 100 个目标，然后把它们写下来。

看到这里，他忍不住合上书，拿起纸和笔坐到了餐桌前，异常认真地写下了他热切渴望实现的目标，比如：

在白宫和总统共进晚餐，出演 CBS 的今夜秀，与教皇见面，成为圣母大学橄榄球队的主教练，让自己的球队成为冠军，成为"今年最佳教练"，打出一杆入洞，去非洲旅行，参加漂流运动……

这样的设想不断延伸，足有 107 个之多。倏然间，他觉得自己不再灰心丧气，而是对未来充满了期待。

毫无疑问，这些目标对于一个 28 岁的无业游民来说，似乎只是一种可望而不可即的奢望。但他还是把自己写下的这 107 个目标拿给妻子看。

妻子看完，给予了他鼓励，并兴奋地说："亲爱的，为什么不再加一个目标——找到一份工作。"好主意，于是他随手又加了第 108 个愿望——找到工作。

接下来的日子里，他并没有将自己写下的这些目标当作一时的心血来潮之物，而是视若珍宝地保存了起来，并开始为实现一个个目标而努力。每当他完成了一个目标，他就会慎重地把那一条划掉。

令人惊异的是，如今，他已经和教皇见过面了，也和里根总统在白宫留过影，在今夜秀节目上与别的嘉宾愉快地交谈过，他还把这些照片传到了他的个人主页上。他的个人主页上还记载了曾经两次一杆入洞的记录和参加漂流运动等让他感到兴奋的事情。

在 40 年后的今天，当初写下的 108 个目标中，他一共实现了 104 个。

谈及这些，他说："从我列出这张设想蓝图时开始，我就已经不再是生活的消极观望者，而是积极行动者。如果你也列出自己的梦想，那么就不会把大好光阴消耗在睡懒觉上，因为你会觉得自己可能错过了一次次心跳！"

繁忙的生活中，你是否早已忘记了曾经深藏在内心的梦想和愿望？那么，从现在开始，像卢·霍兹一样，将自己的愿望写在纸上，列出曾经想要实现的目标并为之付出努力吧！当你全力以赴地去努力，成功之门就会随时向你敞开！

人生没有万事如意，只有无怨无悔

人们常说世上没有"后悔药"，做事三思，错了无"药"可救。

人生只有三天，活在昨天的人迷惑，活在今天的人最踏实。你永远无法预测意外和明天哪个来得更早，所以，我们能做的就是尽最大的努力过好今天。昨天，是已经逝去、不可改变的历史；明天，是即将到来却又未知的历史；今天，是可以把握、可以创造的历史。趁我们还拥有它的时候，把握今天，为昨天的后悔补偿点什么；把握今天，为明天的辉煌准备点什么。

昨天是逝去的历史，任我们谁也无法改变，正所谓回天乏术。所以，美好的回忆也好，痛苦的历程也罢，一切都被时间尘封——逝者如斯。

明天是未知的历史，机关算尽，煞费苦心……却仍旧抵抗不住种种突然的变化，所以，再多的憧憬、再多的算计，明天终究还是镜花水月，可望而不可即。

但今天不同，它是我们生存其中的 24 小时，是我们可以把握的 86400 秒。它是最真实的，最有创造价值的。所以我们没有理由让今天虚度，没有理由因为不可挽回的昨天和不可预知的明天而荒废它。把握现在，才能创造未来；把握今天，明天一切皆有可能。

今天的酒杯不该承载昨天的伤悲，今天的酒杯也感受不了明日的滋味。

竭尽全力过好每一天，就是不后悔的最好方法。

人啊，当你只想找事情消磨时间，表示你的生命已经由高峰趋向凋零。不管你多么年轻，我们都有责任为自己的人生找一些活水，学一些东西。

想学什么就学吧，只要曾经领会过学习的快乐，即使半途而废，也不要怪自己。相信每个人如果努力寻找，都会找到天地之间最喜欢也最适合的事情，直到生命的最后一分钟，都不想半途而废的一件事情——那就是真爱，也是人活着的意义所在。

人生要有目标，但也要量力而行

半夜时分，深远禅师发现小徒弟还在练棍，便问道："徒儿，这么晚了，你为什么还不休息？"

小徒弟回答说："师父，我想打败师兄。"

深远禅师笑着说："你师兄的悟性很高，入门又比你早，以你目前的能力，要超过他还是有一定难度的。"

小徒弟说："师父，我觉得只要有恒心、苦练习，就一定能够超过师兄的。"

深远禅师摇了摇头，给小徒弟讲了这样一个故事：

一天，龟与兔子相遇在草场上，龟说自己很有恒心，说兔子不能吃苦，只会跳跃寻乐，时间长了，将来肯定没有好结果。兔子静静地听着，并没有争辩。

"多辩无益，"兔子说，"我们来赛跑，好不好？就请狐狸大哥当评判员。"

"好啊。"龟很不以为然地说。

于是，龟动身了，跑了一刻钟，只跑了三丈多远。兔子不耐烦了，感觉有点懊悔。它想："照这样跑下去，不是要跑到黄昏吗？我这一天宝贵的光阴，都浪费了。"

于是，兔子利用这些时间去吃野草、跑跳，非常快乐。

龟则在说："我会吃苦，我有恒心，总会跑到。"

到了午后，龟已经筋疲力尽了。跑到阴凉之地，很想打一个盹儿，养养精神，但是又觉得不合适，于是又打起精神前进。

而龟由于背重，头又小，五尺以外的平地，便看不见了，渐渐地，它有点眼花缭乱了。

这时的兔子，因为能随兴所至，所以越跑越有趣，越有精神，已经赶到离路半里多的河边树下。看见风景清幽，也就顺便打了个盹儿。

兔子醒后，感觉精神百倍，却把赛跑之事完全丢在脑后。在它正愁着无事可做之时，看见一只松鼠从前边跑过，便认为是怪物，一定要追上它，于是它便开始追。松鼠见它追，便开始跑。

奔来跑去，忽然，松鼠跳上了一棵大树。正当兔子在树下翘首高望之时，忽然听见背后有声音叫道："兔弟弟，你夺得冠军了！"

兔子回头一看，原来是评判员狐狸大哥，而那棵树，也就是它们赛跑的终点。那只龟呢，虽然它不怕吃苦，但还在半里外匍匐而行。

讲完了故事，深远禅师说："出家人首先要舍弃的是执着心，这不是让你不思进取，虚度时光，而是让你量力而行，保持心态的平和。"

人生路上，执着是前进路上不可缺少的品质，没有执着的品质想要成功是万万不能的，但这不是说要一味地执着，而是要根据自己的实力量力而行，这才是明智的做法。

拥有远大的理想不是坏事，但若超出了自身的实际能力，就未免显得不合时宜了。合理定位、适时把握，才能稳妥地达到目标。不考虑自己的能力，而一味追求远大目标，只能是一事无成，空费精力。

天生我材必有用

威廉一出生便患上了皮肤癌，身体表面超过五成皮肤是黑素瘤，布满了斑点。医生曾说他活不了几岁，后来他活过了 5 岁、7 岁、11 岁，然后，医生不会再审判他了，只是每次都说他会比一般人短命。

现在他已 28 岁了。医生对他说，黑素瘤能医治，但他的黑素瘤是不能完全医治的。所谓完全医治的意思，就是他需要换皮肤，需要十多年时间。

结果，他决定用自己的方法与皮肤癌相处。他说："直到这一刻，我仍然深爱着我的恶性黑素瘤，纵使我们经常经历生死。没有它，就肯定没有今天的我，所以我常常谢谢它，感激它一直在我身边。我想与它活在一起，直至世界末日。"

年前，他让摄影师拍下了他的裸照并公开，他说拍裸体的一个原因，是想用自己的身体让别人坦诚地面对他们自己，他没有丝毫希望他们接受他。

他说："只要他们自己面对自己就好，就算经历了也大可不接受或忘记这段经历，但也希望他们给自己向自己坦白的一个机会。"

他从不服任何药，不做任何电疗化疗，他觉得，身体出现病而能够感到痛的感觉是相当幸福的，因为你仍能与身体沟通，每一刻感觉都像跟身体谈恋爱一样亲密美好。

因为身上的黑素瘤大多没有毛孔，所以他特别害怕热，体温较高难散热，他说应该与狗差不多。全身的瘤接触时会痛，每走一步都会痛，像走石头路一样。带着这种痛，他告诉自己，无论做什么，都不能违背他的信念——没有任何人应该被遗弃。

有国际组织曾经邀请他到希腊跑马拉松，为癌友筹款。参加完希腊马拉松的第二年，他参加了香港的马拉松。他说："既然每一步都得来不易，那就要把这感觉好好发挥，不然就白痛了。"

"我很幸运，自小相信有能力便有价值。人应该专注自己的梦想，不要被世界的价值观影响，我深信想先有面包才有梦想的人，他的梦想永不会实现。实践梦想的人，最少也能有面包医肚，因为天生我材必有用。"

感谢这位活好自己的"80后"，他提醒脆弱的我们，痛和自爱可以崇高地并存。

每个人都有自己独特的才能。有的人可能一下子就找到了；有的人则费了一世一生的时间；还有的人，干脆终生在黑暗中摸索，不得所终。人对自己的才能产生深度的怀疑以致绝望的原因，多半产生于"爱好不当"的旋涡之中。在人生的低潮期，要懂得安静地做些准备并等待。

是金子总会发光的

你对自己的才能有过怀疑或绝望吗？

实际上，"泛才能论"者的观点是对的。每个人都必有自己独特的才能，赞成李白所说的"天生我材必有用"。只是这才能到底是什么，没人事先向我们交底，大家都被蒙在鼓里。

你自己不一定清楚，家人朋友也未必明晰，全靠仔细寻找和运气。

飞速发展的现代科技，为我们提供了越来越多施展才能的领域。例如爱好音乐、爱好写作……都是比较传统的项目，热爱电脑、热爱基因工程……则是最近若干年才开发出来的新领域。

有时想，擅长操作计算机的才能，以前必定也悄悄存在着，但世上没这物件时，具有此类本领潜质的人，只好委屈地干着别的行当。他若是去学画画，技巧不一定高，而痛苦万分，觉得自己不成材。

比尔·盖茨先生若是生长在唐朝，整个就算瞎了一代英雄。所以，寻找才能是一项相当艰巨重大的工程，切莫等闲。

人们通常把爱好当作才能，一般说来两相符合的概率很高，但并不像克隆羊那样惟妙惟肖。爱好这个东西，有的时候很能迷惑人。

一门心思凭它引路，也会害人不浅。有时你爱的恰好是你所不具备的东西，就像病人热爱健康，矮个儿渴望长高一样。因为不具备，所以就更爱得痴迷，九死不悔。

因此在大的怀疑和绝望之前，不妨先静下心来，冷静客观地分析一下，考察一下自己的才能真正投影于何方。评估关头，最好先安稳地睡一觉，半夜时分醒来，万籁俱寂时，摒弃世俗和金钱的阴影，纯粹从人的天性出发，充满快乐地想一想。

为什么一定要强调充满快乐地去想呢？因为真正令才能充分发育的土壤，应该同时是我们分泌快乐的源泉。

真金不怕火炼，火炼去的只是其棱角和形状，而不是金子发光的信念。乌云遮住的只是太阳的影子，遮不住的是太阳前进的步子。

金子不会自动掀掉埋没在身上的泥土，它需要被人挖掘。如果永远不被挖掘，就会被掩盖。你是金子吗？那就快找到让自己发光的方法吧。

影响我们的不是环境，也不是遭遇

人们往往把没有得偿所愿归因于周围环境不好，抑或是遭遇欠佳。然而，他们没有意识到，一颗永远自信、乐观向上、敢想敢做的心，才是影响我们成功的最重要原因。

有一个美国外科医生，他以善作面部整形手术驰名遐迩。他创造了许多奇迹，经整形把许多丑陋的人变成漂亮的人。

但他发现，某些接受手术的人，虽然为他们做的整形手术很成功，但仍找他抱怨，说他们在手术后还是不漂亮，说手术没什么成效，他们自感面貌依旧。

于是，医生悟到这样一个道理：美与丑，并不仅仅在于一个人的本来面貌如何，还在于他是如何看待自己的。

一个人如自惭形秽，那他就不会成为一个美人，同样，如果他不觉得自己聪明，那他就成不了聪明人，他不觉得自己心地善良，即使在心底隐隐地有此种感觉，那他也就成不了善良的人。一个人只要有自信，那么他就能成为他希望成为的那样的人。

有这么一件事：

心理学家从一班大学生中挑出一个最愚笨、最不招人喜爱的姑娘，并要求她的同学们改变以往对她的看法。在一个风和日丽的日子里，大家都争先恐后地照顾这位姑娘，向她献殷勤，陪送她回家，大家以假作真打心里认定她是位漂亮聪慧的姑娘。

结果怎样呢？不到一年，这位姑娘出落得很好，连她的举止也同以前判若两人。她快乐地对人们说：她获得了新生。

确实，她并没有变成另一个人，然而在她的身上展现出每一个人都蕴藏的美，这种美只有在我们相信自己，周围的所有人也都相信我们、爱护我们的时候才会展现出来。

许多人以为，信心的有无是天生的、不变的。其实并非如此。

童年时代受人喜爱的孩子，从小就感觉到自己是善良、聪明的，因此才获得别人的喜爱。于是他尽力使自己的行为名副其实，造就自己成为他自信的那样的人。而那些不得宠的孩子呢？人们总是训斥他们："你是个笨蛋、窝囊废、懒鬼，是个游手好闲的东西！"于是他们就真的养成了这些恶劣的品质，因为人的品行基本上是取决于自信的。

我们每个人心目中都有各自为人的标准，我们常常把自己的行为同这个标准进行对照，并据此去指导自己的行动。

因此，我们要使某个人变好，就应对他少加斥责，要帮助他提高自信力，修正他心目中的做人标准。如果我们想进行自我改造，提高自己的修养，我们就应首先改变对自己的看法。不然，我们自我改造的全部努力便会落空。对于人的改造，只有影响其内心世界，外因通过内因才能起作用。这是人类心理的一条基本规律。

对真善美的自信，于我们至为重要。我们总是本能地竭力保持这种自信改造成的形象。我们也接受别人的批评，但我们接受的只是那些善意的和那些我们认为对自己信任和爱护的人的批评。若是有人伤害我们的自尊心，即以己之见贬低我们，训斥我们，漫骂我们是"笨蛋、呆子"时，我们便愤然而起，进行反击。我们的心理自发地护卫着自己，护卫着人最可宝贵的品格自信心。假若有人削弱了我们的自信心，那我们真的就会堕落，我们追求真善美的意志就会衰退。

坚守最美的梦想

1976 年，18 岁的加拿大青年特里·福克斯，因非常严重的骨肉瘤癌，接受了右腿截肢手术。

一开始，他大哭大叫，向医生乱发脾气。当他得知，一个只有 10 岁大的男孩，和他有着同样的不幸，却乐观坚强地用一条腿走路、骑车时，深深地被震撼了。他觉得自己不该痛苦消沉，而应为和他同样不幸的人做点什么。

一年半的化疗之后，他告诉癌症协会：他要跑步穿越加拿大，让 2400 万名加拿大公民，每人捐献一块钱，作为癌症研究基金。

癌症协会抱着半信半疑的态度，将他"疯狂的、不能实现的梦想"命名为"希望马拉松"。但就在特里准备踏上希望之旅时，

人间值得：
以自己喜欢的方式过一生

他感觉到眼花、眩晕，看东西时总会出现重影。此时，特里完全有理由取消计划，但他隐瞒了一切。

1980 年 4 月 12 日，特里的"希望马拉松"开始了。

每天凌晨 4 点半，路上静悄悄的，周围还是一片漆黑，特里就从睡袋里爬出来，开始新一天的马拉松。他一天要跑 42 公里，相当于一个标准的国际马拉松赛程。他的残腿被假肢磨破出血，疼痛难忍，头晕和视觉重影不断在折磨着他。可他还是坚决不允许自己有任何懈怠。

特里跑了近一个月，许多人仍对他抱着怀疑的态度。在一段 1600 公里的繁华公路上，他只募集到少得可怜的 35 加元。

在加拿大著名的魁北克，他的义跑活动几乎没有留下任何印象。但特里有一个坚定的信念："不管别人怎么想，不管发生什么事，我都会跑下去。"

就这样，特里在怀疑、冷寂中连续跑了 101 天。当到达一个叫梅克里的小城时，由于过度疲劳，引发了诸多并发症，不得不听从当地医生的劝告，休息了一天。

次日凌晨 4 点半，又继续上路了。终于，特里的坚韧、顽强，感动了小城的媒体记者，他为特里做了一次直播专访。这使特里·福克斯一下子成了新闻人物。

人们翘首以待，欢迎他的到来：在多伦多市政大厅，成千上万的人欢呼着，迎接特里；正在烫头发的女人，来不及摘掉发卷；实验室的工作人员，停下手里的工作冲到大街上，都想见一见这个顽强、勇敢、坚定的年轻人。

特里淡然地说："我不在乎自己是不是英雄。是梦想一直在支撑着我。我只要活一天，就会拼尽全力，向生活索取它。"

生活中有太多的诱惑和陷阱，就像温水中的青蛙一样，无时无刻不在消耗着我们每一个人的意志和信念，只要稍有疏忽就有可能在可怕的"温暖"中消磨殆尽。

当残酷的现实密不透风地压在我们的肩头，各种困难与挫折也从四面八方向我们袭来的时候，只要我们守着生存和成功的信念，时刻清晰地认清自己的处境，毫不留情地鞭策自己，便可在绝境中找到生存的机会，在命运的困厄中看到希望的光芒。

没有一样东西是你不配享有的

所谓吸引力法则，实为思想心态之意志左右，正所谓想什么有什么。

想要幸福，想得多了，一切做法自然为寻幸福而为，幸福也就在了。不管是什么，只是你一再不断地想它，在心中想象你所想拥有的东西，这种思想发出的磁力讯息，就会将相似的事物吸引来。"主要的思想或者心态，就是磁体，同类相吸，就是法则。结果必然是，心态会吸引与其本质相呼应的状态。"每一个人都是一个人体发射台，都是一个磁场，念善则善，思恶则恶，所以，你还要想什么呢？！吸引好的，不要坏的。

亲爱的自己，从今天起为了自己骄傲地活着吧，好好爱自己，没有人会心疼你。

亲爱的自己，不要太在意一些人和事，顺其自然以最佳心态面对，因为这世界就是这么不公平，往往在最在乎的事物面前我们最没有价值。

亲爱的自己，永远不要为难自己，比如不吃饭、哭泣、自闭、抑郁，这些都是傻瓜才做的事。

亲爱的自己，学聪明一点，不要总是问周围的人一些很白痴的问题，那真的很无聊。

亲爱的自己，如果不开心了就找个角落或者在被子里哭一下，你不需要别人同情可怜，哭过之后一样可以开心生活。

亲爱的自己，学会控制自己的情绪，谁都不欠你的，所以你没有道理跟别人随便发脾气、耍性子。

亲爱的自己，可以失望但不能绝望，你要始终相信，Tomorrow is another day。

亲爱的自己，不要总是想着依赖别人，更不能奢望别人在你需要的时候第一时间站出来，毕竟谁对他人都没有义务。

亲爱的自己，永远不要轻易对别人许下承诺，许下的承诺就是欠下的债！

亲爱的自己，这个世界只有回不去的而没有什么是过不去的。

亲爱的自己，别人对你好，你要加倍对别人好；别人对你不好，你还是应该对别人好，因为那说明你还不够好。

亲爱的自己，不管现实有多惨不忍睹，你都要固执地相信这只是黎明前短暂的黑暗而已。

亲爱的自己，不要抓住回忆不放，断了线的风筝只能让它飞，放过它，更是放过自己。

亲爱的自己，全世界只有一个你，就算没有人懂得欣赏，你也要好好爱自己，做最真实的自己。

亲爱的自己，好好对待陪在你身边的那些人，因为爱情可能只是暂时的，但友情是一辈子的。

亲爱的自己，你必须找到除了爱情之外，能够使你用双脚坚强站在大地上的东西。

亲爱的自己，记得要常常仰望天空，记住仰望天空的时候也要看看脚下。

亲爱的自己，相信你的直觉，不要招惹别人，也不要让别人来招惹你。

亲爱的自己，永远不要跟别人搞暧昧，你玩不起！

亲爱的自己，不要太低调了，有时要强悍一点，被欺负的时候，一定要讨回来！但是一定不要记恨，小人之见随他们去好了，怜悯会使你高贵。

亲爱的自己，要快乐、要开朗、要坚韧、要温暖，这和性格无关。

亲爱的自己，要自信甚至自恋一点，时刻提醒自己：我值得拥有最好的一切。

时刻都要有希望和快乐

从前，有一老一少两个相依为命的盲人，每日靠弹琴卖艺维持生活。

一天，老盲人支撑不住病倒了。他自知不久将离开人世，便把小盲人叫到床头，紧紧拉着小盲人的手，吃力地说："孩子，我这里有个秘方，这个秘方可以使你重见光明。我把它藏在琴里面了，你必须在弹断 1000 根琴弦的时候才能把它取出来，否则，你是不会重见光明的。"

一天又一天，一年又一年，小盲人将师父的遗嘱铭记在心，不停地弹啊弹，将一根根弹断的琴弦收藏着。当他弹断 1000 根琴弦的时候，当年那个弱不禁风的少年已到垂暮之年，他按捺不住内心的喜悦，双手颤抖着，慢慢地打开琴盒，取出秘方。

然而，别人告诉他，那是一张白纸，上面什么都没有。

听到这个消息，老人反而笑了。

拿着一张什么都没有的白纸，他为什么笑了？

原来，他突然明白了师父的用心。虽然是一张白纸，但是他从小到老弹断 1000 根琴弦后，却悟到了这无字秘方的真谛——在希望中活着，才会看到光明。

希望就像茫茫大海上远处的一座灯塔，一盏黑暗中指引我们前行的灯，一盏困境中引领我们通往光明的灯。它赐予我们前进的力量，帮助我们坚持到底，迎来曙光。

有时，心存希望，就一定能有奇迹发生。

小晶曾一度喜欢上疏朗青翠、清新淡雅而极富书卷气息的文竹，试着自己养上一株，精心浇灌，期盼它能长得挺拔秀丽、绿云飘逸。谁知没几天，枝叶变黄、干枯、脱落。小晶无比伤心，却不忍心将它丢弃，于是上网查阅资料，开始科学地为它松土加肥，更加殷勤呵护，希望它能起死回生。

老公劝小晶别抱希望了，死了就是死了，扔了算了。她不愿轻易放弃，十多天过后，竟发现抽出了一枝嫩芽！惊喜之余，小晶庆幸自己没有轻易放弃它。心存希望，总有奇迹发生的。

在强大的生存欲望面前，挫折算得了什么呢？在永不磨灭的勇气面前，任何困境都不能将心存希望的人打倒。

人不能没有希望，哪怕是生命的最后一刻，也要咬牙坚持住，相信穿越了当下的苦难，就一定能看得见幸福的曙光。

美国作家欧·亨利在他的小说《最后一片叶子》里讲了这样的故事：病房里，一个生命垂危的病人看见窗外的树叶在秋风中一片片地落下来。

最后一片叶子始终没有掉下来。只因为生命中的这片绿叶，那个病人奇迹般地活了下来。

希望是点燃生命之火的灿烂阳光，是我们内心最大的精神寄托。人生如果没有了希望，也就没有了奋斗、坚持和拼搏。希望之灯一旦熄灭，生活将变得一片黑暗。人生可以没有很多东西，但唯独不能没有希望，就像伏尔泰说的：人类最可贵的财富是希望。希望是我们生活中最大的力量，只要心存希望，生命就能生生不息。所以，请一定保护好我们心中希望的那盏灯。

梦想是你自己的宝贝

心爱的东西不见了，可以再去买；钱没有了，可以再赚回来；唯独梦想，若是丢失了，就难以再寻觅回来。除非你愿意，否则没有人可以偷走你的梦想。

美国某个小学的作文课上，老师留给学生的作文题目是："我的志愿"。

一位小朋友非常喜欢这个题目，在他的作文本上，飞快地写下了他的梦想。

他希望将来自己能拥有一座占地18公顷的庄园，在广阔的土地上种满如茵的绿草。庄园中有无数的小木屋、烤肉区及一座休闲旅馆。除了自己住在那儿外，还可以和前来参观的游客分享自己的庄园，有住处供他们憩息。

写好的作文经老师过目，这位小朋友的本子上被划了一个大大的红"✕"发回到他的手上，老师要求他重写。小朋友仔细看了看自己所写的内容，并无错误，便拿着作文本去请教老师。

老师告诉他："我要你们写下自己的志愿，而不是这些如梦幻般的空想；我要实际的志愿，而不是虚无的幻想，你知道吗？"

小朋友据理力争："可是，老师，这真的是我的志愿啊！"

老师也坚持道："不，那不可能实现，那只是一堆空想，我要你重写。"

小朋友不肯妥协："我很清楚，这就是我想要的，我不愿意改掉我梦想的内容。"

老师摇头："如果你不重写，我就不能让你及格了，你要想清楚。"

小朋友也跟着摇头，不愿重写，而那篇作文也就得到了一个大大的"E"。

时隔 30 年之后，这位老师带着一群小学生到一处风景优美的度假胜地旅行，在尽情享受无边的绿草、舒适的住宿及香味四溢的烤肉之余，他望见一名中年人向他走来，并自称曾是他的学生。

这位中年人告诉他的老师，他正是当年那个作文不及格的小学生，如今，他拥有这片广阔的度假庄园，真的实现了儿时的梦想。

老师望着眼前这位庄园的主人，想到自己 38 年来不敢有梦想的教师生涯，不禁感叹："30 年来，为了我自己，不知道用成绩改掉了多少学生的梦想。而你是唯一保留自己的梦想而没有被我改掉的。"

美国第 28 任总统威尔逊说："我们因有梦想而伟大，所有伟人都是梦想家。他们在春天的和风里或是冬夜的炉火边做梦。有些人让自己的伟大梦想枯萎而凋谢，但也有人灌溉梦想，保护它们，在颠沛困顿的日子里细心培育梦想，直到有一天得见天日。这些是诚挚地希望自己的梦想能够实现的人。"

我们每个人在儿时都曾拥有过伟大的梦想。只是不知道在成长岁月中的何时被改掉了、丢失了，或因为我们给予的滋养不足，梦想的种子仍深埋在土里，难以发芽。

就在今天，找回你真正的梦想，不管过去这段时间里，曾将它藏在何处，或被改掉，或被"偷走"，把梦想找回来，并且确信你的梦想必能成真。

或许在找回梦想的同时，会遇到一些专业的偷梦人，他们可能是你的朋友、同事、邻居，甚至是你的父母或配偶；他们会在你兴致勃勃述说你的梦想时，神色郑重地告诉你，那是不可能的；要你脚踏实地好好做事；不要说的比做的多，先做到再来说也不迟。

只要你本来就是脚踏实地的人，只要你紧紧握住梦想，你可以不用怕这些人的冷嘲热讽，因为他们无法再次偷走你的梦想。而所有偷梦人泼向你的冷水，足以灌溉你梦想的种子，使你成长为苗壮大树。你可以感谢他们给泼的冷水，因为待你梦想成真之后将与他们分享。

愿你看到的世界，拥有彩虹色

一样的事情，可以选择不同的态度对待。往积极的方面想，并做出积极努力，就一定会看出前方独好的风景。

两个小桶一同被吊在井口上。

其中一个对另一个说："你看起来似乎闷闷不乐，有什么不愉快的事吗？"

另一个回答："我常在想，这真是一场徒劳，没什么意思。常常是这样，装得满满地上去，又空着下来。"

第一个小桶说："我倒不觉得如此。我一直这样想：我们空空地来，装得满满地回去！"

很多事情，站在不同的立场，便有不同的看法，正面的想法带来积极的效果，负面的想法带来消极的效果。乐观的人，在每一个忧患中看到机会；悲观的人，在每一个机会中看到忧患。

普希金说，假如生活欺骗了你，不要忧郁，也不要愤慨。我们的心憧憬着未来，现实总是令人悲哀。一切都是暂时的，转瞬即逝，而那逝去的将变为可爱。

鲁滨孙太太这样描述她曾有过的经历：

美国庆祝陆军在北非获胜的那一天，我接到国防部送来的一封电报，我的侄儿——我最爱的一个人——在战场上失踪了。过了不久，又来了一封电报，说他已经死了。

我悲伤得无以复加。在那件事发生以前，我一直觉得生命多么美好，我有一份自己喜欢的工作，并努力带大了这个侄儿。在我看来，他代表了年轻人美好的一切。我觉得我以前的努力，现在都有很好的收获……然而收到了这些电报，我的整个世界都碎了，我觉得再也没有什么值得我活下去。我开始忽视自己的工作，忽视朋友，我抛开了一切，既冷淡又怨恨。为什么我最疼爱的侄儿会离我而去？为什么一个这么好的孩子——还没有真正开始他的生活——就死在战场上？我没有办法接受这个事实。我悲痛欲绝，决定放弃工作，离开我的家乡，把自己藏在眼泪和悔恨之中。

就在我清理桌子、准备辞职的时候，突然看到一封我已经忘了的信——从我这个已经死了的侄儿那里寄来的信。是几年前我母亲去世的时候，他给我写来的一封信。"当然我们都会想念她的，"那封信上说，"尤其是你。不过我知道你会撑过去的，以你个人对人生的看法，就能让你撑过去。我永远也不会忘记那些你教我的美丽的真理：不论活在哪里，不论我们离得多么远，我永远都会记得你教我的——要微笑，要像一个男子汉一样承受所发生的一切。"

我把那封信读了一遍又一遍，觉得他似乎就在我的身边，正在对我说话。他好像在对我说："你为什么不照你教给我的办法去做呢？撑下去，不论发生什么事情，把你个人的悲伤藏在微笑底下，继续过下去。"

于是，我重新回去开始工作。我不再对人冷淡无礼。我一再对自己说："事情到了这个地步，我没有能力去改变它，不过我能够像他所希望的那样继续活下去。"我把所有的思想和精力都用在工作上，我写信给前方的士兵——给别人的儿子们。晚上，我参加成人教育班——要找出新的兴趣，结交新的朋友。朋友们都不敢相信发生在我身上的种种变化。我不再为已经永远过去的那些事悲伤，我现在每天的生活都充满了快乐——就像我侄儿要我做到的那样。

鲁滨孙太太讲完这些话，嘴角泛起一丝笑意。

你知道汽车轮胎为什么能在路上跑那么久，能忍受那么多的颠簸吗？起初，制造轮胎的人想要制造一种轮胎，能够抗拒路上的颠簸，结果轮胎不久就成了碎条。然后他们又做出一种轮胎来，吸收路上新碰到的各种压力，这样的轮胎可以"接受一切"。在曲折的人生旅途上，如果我们也能够承受所有的挫折和颠簸，能够化解与消释所有的困难与不幸，我们就能够活得更加开心，我们的人生之旅就会更加顺畅、更加开阔。

第七章

那些看似生活的苦，
其实都是去看世界的路

经得住折磨，你才能见到美

有位老人经不住海里的风吹浪颠，就守候着海滩，窝在泥铺子里熬鹰。等鹰熬足了月，他就能获取钱财了。他住在海边一座新搭的泥铺子里。泥铺的苇席顶上，立着一黑一灰两只雏鹰。疲惫无奈的日子孕育着老人的希望。黑鹰和灰鹰在屋顶待腻了，就钻进泥铺里来了。老人左手托黑鹰，右手托灰鹰，说不清到底最喜欢哪一个。

熬鹰的时候，老人很"狠毒"，对两只鹰没有一点感情。他想将它们熬成鱼鹰。他用两根布条分别把两只鹰的脖子扎起来，饿得鹰嗷嗷叫了，他就端出一只盛满鲜鱼的盘子。鹰们扑过去，吞了鱼，喉咙处便鼓出一个疙瘩。鹰叼了鱼吞不进肚里又舍不得吐出来，憋得咕咕惨叫。老人脸上毫无表情。他先用一只手攥了鹰的脖子将它拎起来，另一只大手捏紧鹰的双腿，头朝下，一抖，再把攥了鹰的脖子的那只手腾出来，狠拍鹰的后背。鹰不舍地吐出鱼来。

海边天气说变就变。海狂到了谁也想不到的地步，老人住的泥铺被风吹塌了，等老人明白过来时已被重重地压在废墟里。黑鹰和灰鹰抖落一身的厚土，钻出来，嘎嘎叫着。黑鹰如得到了大赦似的冲进夜空里去了。灰鹰没去追黑鹰，嗖嗖地围着废墟转圈，悲哀地叫着。

老人被压在废墟里，喉咙里塞满了泥团子，喊不出话来，只能拿身子一拱一拱。聪明的灰鹰瞧见老人的动静了，便俯冲下来，立在破席片上，忽闪着双翅，刮动着浮土。不久后，老人便看到铜钱大的光亮。他凭灰鹰翅膀刮出来的小洞呼吸活了下来。后来又是灰鹰引来村人救出了老人。老人看着灰鹰，泪流满面。

大半天后，黑鹰疲沓沓地飞回来了。老人重搭泥铺，继续熬鹰。看见灰鹰饿得咕咕叫的样子，老人开始心疼了。他开始对灰鹰手下留情，关键时解开灰鹰脖子上的红布带子，小鱼就滑进灰鹰肚里去了。对于黑鹰，老人没气没恼，依然用原来的熬法，而到了关口却比先前还狠。一次，他给黑鹰脖子上的绳子扎松了，小鱼缓缓在黑鹰脖子里下滑，他发现了，便狠狠拽起黑鹰，一只手顺着黑鹰脖子往下撸，一直撸出鱼才停手，黑鹰惨叫着。灰鹰瞅着，吓得不住地颤抖。

半年后鹰熬成了。老人很神气地划着一条旧船出征了。到了海汊子里，灰鹰孤傲地跳到最高的船木上，黑鹰有些恼，也跟着跳上去，却被灰鹰挤下去。不仅如此，灰鹰还用嘴啄黑鹰的脑袋。黑鹰反抗却被老人打了一顿。

可是，到了真正逮鱼的时候，灰鹰就蔫了。黑鹰真行，不断逮上鱼来。黑鹰眼睛毒，按照主人的呼哨儿扎进水里，又叼上鱼来，喜得老人扭歪了脸。可灰鹰半晌也逮不上鱼，只是围着老人抓挠。老人很烦地骂了一句，挥手将它扫到一边去了。灰鹰气得咕咕叫，很羞愧。老人开始并不轻视灰鹰，但慢慢地就对灰鹰态度冷淡了。灰鹰逮不到鱼，生存靠黑鹰，于是黑鹰在主人面前占据了灰鹰的地位。

后来，灰鹰受不住了，在老人脸色难看时飞离了泥铺子。老人不明白灰鹰为何出走。从黄昏到黑夜，他都带着黑鹰找灰鹰，招魂的口哨声在野洼里起起伏伏，可是仍没找到灰鹰。老人胸膛里像塞了块东西般堵得慌，他知道灰鹰不会打野食儿。

不久，老人在村里一片苇帐子里找到了灰鹰。灰鹰死了，是饿死的，身上的羽毛几乎秃光了，肚里被黑黑的蚂蚁盗空了。老人的手颤抖地抚摸着灰鹰的骨架，默默地落下了老泪。他一直认为自己对黑鹰的要求近乎苛刻，却没想到自己的不忍害了灰鹰。

低谷时更该努力，不要随便输掉未来

我们谁都不愿意失败，因为失败意味着以前的努力付诸东流，意味着一次机会的丧失。不过，一生平顺，没遇到失败的人，恐怕是少之又少。所有人都存在谈败色变的心理，然而，若从不同的角度来看，失败其实是一种必要的过程，而且是一种必要的投资。数学家习惯称失败为"或然率",科学家则称为"实验",如果没有前面一次又一次的"失败",哪里有后面所谓"成功"?

世界著名的快递公司 DIL 创办人之一的李奇,对曾经有过失败经历的员工情有独钟。每次李奇在面试时,必定会先问对方过去是否有失败的例子,如果对方回答"不曾失败过",李奇认为对方不是在说谎,就是不愿意冒险尝试挑战。李奇说:"失败是人之常情,而且我深信它是成功的一部分,有很多的成功都是由于失败的累积而产生的。"

李奇深信,人不犯点错,就永远不会成长,从错误中学到的东西,远比在成功中学到的多得多。

另一家被誉为全美最有革新精神的 3M 公司,也非常赞成并鼓励员工冒险,只要有任何新的创意都可以尝试,即使在尝试后失败了,每次失败的发生率是预料中的 60%,3M 公司仍视此为员工不断尝试与学习的最佳机会。

3M 坚持的理由很简单,失败可以帮助人思考、判断与重新修正计划,而且经验显示,通常重新修正过的计划会比原来的更好。

美国人做过一个有趣的调查,发现在所有企业家中平均有三次破产的记录。即使是世界顶尖的一流选手,失败的次数都毫不比成功的次数"逊色"。例如,著名的全垒打王贝比路斯,同时也是被三振出局最多的纪录保持人。

其实，失败并不可耻，不失败才是反常，重要的是面对失败的态度，是反败为胜，还是就此一蹶不振？杰出的企业领导者，绝不会因为失败而怀忧丧志，而是回过头来分析、检讨、改正，并从中发掘重生的契机。

沮特·菲力说："失败，是走上更高地位的开始。"许多人之所以获得最后的胜利，只是受惠于他们的屡败屡战。没有经历过大失败的人，不知道什么是大胜利。其实，若能把失败当成人生必修的功课，你会发现，大多数的失败会让你有意想不到的收获！

让你难过的事，有一天你会笑着说出来

从前古希腊国王有一个儿子，这孩子却爱上了一个牧羊女。他对他的父亲说："父王，我爱上了一个牧羊人的女儿，我要娶她为妻。"

国王说："我贵为国王，而你是我的儿子，我去世以后你便是一国之君了，你怎么可以娶一个牧羊女呢？"王子回答说："父王，我不知道可以不可以，我只知道我爱这个女子，我要她做我的皇后。"

国王感到他儿子的爱情是神的安排，于是他说道："我将传谕给她。"他召来了使者告诉他说："你去对牧羊女说，我的儿子爱上了她并且要娶她为妻。"那使者到女子那里对她说道："国王的儿子爱上了你并且要娶你为妻呢。"牧羊女却问道："他做什么工啊？"使者回答说："哎呀！他是国王之子，他不做工。"那女子说："他一定要学一个行当。"那使者回到国王那里，把牧羊女的话一字一句地报告给他。

国王对王子说："那牧羊女要你学一点手艺呢！你是否仍要娶她为妻？"王子坚决地说："是的，我要学习编织草席。"于是王子就学习编织草席——各式各样、各种颜色和装饰图案的席子。过了三年，他已经能够编织很好的草席了。使者又回到牧羊女那里去对她说这些草席都是王子自己编织的。

牧羊女跟着使者来到王宫，嫁给王子为妻。

有一天，王子走过一家食物店。这店看上去非常清静雅致，于是他便走进去，选了一张桌子坐下，这原来是一个窃贼和杀人凶手开的黑店。他们抓了王子，把他丢在地牢里。城里很多达官贵人都被囚在那里。这些杀人越货的强盗，把地牢里的胖子宰了用来喂瘦子，以此寻开心。王子最为瘦弱，强盗们也不知道他是希腊国王的太子，所以没有杀他。王子对强盗们说："我是编草席的，我所织的席子非常宝贵！"他们便拿了些草让他编织。他三天编了三张席子，他对那些强盗说："把这几张席子拿到希腊王的宫廷里去，每张席子你们会得到100块金子。"他们便把那三张席子送进王宫，国王一看就知道那是他儿子的作品。他把草席带到牧羊女那里，说道："有人把这几张席子送进宫来，这是我失踪了的儿子的手艺。"牧羊女把这些席子逐一拿起仔细端详。她在这些席子的图案里看到她丈夫用希腊文编下的求救信息，她把这个信息告诉了国王。

于是国王派了很多士兵到贼窝去，救出了所有的人，并杀掉了所有的强盗。王子因此得以平安地回到王宫里，并回到他妻子——那个牧羊女的身旁。

王子回到宫中和妻子重逢时，他俯伏在她跟前，抱着她的双足。他说："我的妻子啊！完全是因为你，我才能够活着！"国王因此也非常喜欢这个牧羊女了。

逆风，更适合飞翔

自古英雄多磨难，不拒绝命运的雕琢，才能有所作为。

深山里有两块石头，第一块石头对第二块石头说："去经一经路途的艰险坎坷和世事的磕磕碰碰吧，能够搏一搏，也不枉来此世一遭。"

"不，何苦呢，"第二块石头嗤之以鼻，"安坐高处一览众山小，周围花团锦簇，谁会那么愚蠢地在享乐和磨难之间选择后者，再说，那路途的艰险磨难会让我粉身碎骨的！"

人间值得：
以自己喜欢的方式过一生

于是，第一块石头随山溪滚滚而下，历尽了风雨和大自然的磨难，它依然义无反顾、执着地在自己的路途上奔波。

第二块石头讥讽地笑了，它在高山上享受着安逸，享受着周围花草簇拥的畅意抒怀，享受着盘古开天辟地时留下的那些美好的景观。

许多年以后，饱经风霜、历尽尘世之千锤百炼的第一块石头和它的家族已经成了世间的珍品、石艺的奇葩，并且被千万人赞美称颂。

第二块石头知道后，有些后悔当初，现在它想投入到世间风尘的洗礼中，然后得到像第一块石头那样拥有的成功和高贵，可是一想到要经历那么多的坎坷和磨难，甚至伤痕累累，还有粉身碎骨的危险，便又退缩了。

一天，人们为了更好地保存那石艺的奇葩，准备为它修建一座精美别致、气势雄伟的博物馆，建造材料全部用石头。于是，他们来到高山上，把第二块石头粉了身、碎了骨，给第一块石头盖起了房子。

第一块石头，选择了艰难坎坷，懂得放弃享乐，所以它成了珍品，成了石艺的奇葩。然而，第二块石头，最后落得粉身碎骨的下场。

没有成长不带痛苦，也没有成功不花代价

据生物学家说，在鸟类中，寿命最长的是老鹰，它的寿命可达 70 年。但是如果想活那么长的寿命，就必须在它 40 岁的时候做出困难而重要的抉择。

当老鹰活到 40 岁时，它的爪子开始老化，不能牢牢地抓住猎物，并且它的喙会变得又长又弯，几乎能够碰到胸膛；同时，它的翅膀也会变得十分沉重，使它在飞翔的时候感到吃力。在这个阶段，它只有两种选择：要么就是等死，要么经历在它一生之中十分痛苦的过程来蜕变和更新，这样才能够继续活下去。

这是一个漫长的过程，它需要 150 天的漫长锤炼，而且必须很努力地飞到山顶，在悬崖的顶端筑巢，然后停留在那里不能飞翔。

首先，它要做的就是用它的喙不断击打岩石，直到旧喙完全脱落，然后经过一个较漫长的过程，静静地等候新的喙长出来，之后，还要经历更为痛苦的过程——用新长出的喙把旧趾甲一根一根地拔出来，当新的趾甲长出来后，老鹰再把旧的羽毛一根一根地拔掉，等 150 天后长出新羽毛，这时候，老鹰才能重新飞翔，从此得以再过 30 年的岁月。

同鹰一样，璞玉只有经过粗粝环境的雕琢，才能闪烁高贵的

光芒；河蚌只有历经沙砾的折磨，才孕育出华美的珍珠。人的生命亦是如此。怯于磨砺，生命将永远平庸而无奇。

面向光明，阴影永远在你身后

莎士比亚在他的名著《哈姆雷特》中有这样一句经典台词："光明和黑暗只在一线间。"一个人虽身处黑暗之中，但心灵千万不要因黑暗而熄灭，而要充满希望，因为黑暗只是光明来临的前兆而已。

一个年轻书生，自幼勤奋好学。无奈贫瘠的小村里没有一个好老师，于是决定外出求学。

这天，天色已晚，书生饥肠辘辘准备翻过山找户人家借住一宿。走着走着，树林里忽然窜出一个拦路抢劫的山匪。书生立即拼命往前逃跑，无奈体力不支再加上山匪穷追不舍，眼看着书生就要被追上了，正在走投无路时，书生一急钻进了一个山洞里。山匪见状，哪肯罢手，他也追进山洞里。洞里一片漆黑，在洞的深处，书生终究未能逃过山匪的追逐，他被山匪逮住了。一顿毒打自然不能免掉，身上的所有钱财及衣物，甚至包括一把准备为夜间照明用的火把，都被山匪一掳而去。山匪给他留下的只有一条薄命。

后来，书生和山匪两个人各自分头寻找着洞的出口，这山洞极深极黑，且洞中有洞，纵横交错。

山匪将抢来的火把点燃，他能轻而易举地看清脚下的石块，能看清周围的石壁，因而他不会碰壁，不会被石块绊倒，但是，他走来走去，就是走不出这个洞，最终，恶人有恶报，他迷失在山洞之中，力竭而死。

书生失去了火把，没有了照明工具，他在黑暗中摸索行走得十分艰辛，他时不时地碰壁，时不时地被石块绊倒，跌得鼻青脸肿，但是，正因为他置身于一片黑暗之中，所以他的眼睛能够敏锐地感受到洞里透进来的一点点微光，他迎着这缕微光摸索爬行，最终逃离了山洞。

如果没有黑暗，怎么可能发现光明呢？

无论今天多么难熬，明天都会如约而至

从前，在一个小山村里，传说有两兄弟在一次上山的途中，偶然与神仙邂逅，神仙传授他们酿酒之法，叫他们把在端午那天收割的米与冰雪初融时高山流泉的水来调和，注入千年紫砂土铸成的陶瓮中，再用初夏第一个看见朝阳的新荷覆紧，密封七七四十九天，直到鸡叫三遍后方可启封。

他们历尽千辛万苦，跋涉过千山万水，终于找齐了所有的材料，一起调和密封，然后潜心等待那注定的时刻。多么漫长的等待，终于第四十九天到了。两人整夜都没有睡，等着鸡鸣的声音。

远远地，传来了第一遍鸡鸣。过了很久很久，才响起了第二遍。第三遍鸡鸣到底什么时候才会来呢？其中一个再也等不下去了，他迫不及待地打开陶瓷品尝，却惊呆了——里面的水，像醋一样酸，又像中药一般苦，他把所有的后悔加起来也不可挽回。他失望地把它洒在了地上。而另一个，虽然欲望如同一把野火在他心里燃烧，让他按捺不住想要伸手，但他还是咬着牙，坚持到了三遍鸡鸣响彻了天空。

"多么甘甜清澈的酒啊！"他终于品尝到了自己亲自酿制的美酒。

黑暗中，也要让世界听到你的歌声

1920年10月，一个漆黑的夜晚，在英国斯特兰腊尔西岸的布里斯托尔湾的洋面上，发生了一起船只相撞事件。一艘名叫"洛瓦"号的小汽船跟一艘比它大十多倍的航班船相撞后沉没了，104名搭乘者中有11名乘务员和14名旅客下落不明。

艾利森国际保险公司的督察官弗朗哥·马金纳从下沉的船身中被抛了出来，他在黑色的波浪中挣扎着。救生船这会儿为什么还不来？他觉得自己已经奄奄一息了。渐渐地，附近的呼救声、哭喊声低了下来，似乎所有的生命都被浪头吞没，死一般的沉寂在周围扩散开去。就在这令人毛骨悚然的寂静中，突然——完全出人意料地，传来了一阵优美的歌声。那是一个女人的声音，歌曲丝毫也没有走调，而且不带一点哆嗦。那歌唱者简直像在面对客厅里众多的来宾进行表演一样。

　　马金纳静下心来倾听着，一会儿就听得入了神。教堂里的赞美诗从没有这么高雅，大声乐家的独唱也从没有这般优美，寒冷、疲劳刹那间不知飞向何处，他的心完全复苏了。他循着歌声，朝那个方向游去。

　　靠近一看，那儿浮着一根很大的圆木，可能是汽船下沉的时候漂出来的。几个女人正抱住它，唱歌的人就在其中，她是个很年轻的姑娘。大浪劈头盖脸地打下来，她却仍然镇定自若地唱着。在等待救生船到来的时候，为了让其他妇女不丧失力气，为了使她们不致因寒冷和失神而放开那根圆木，她用自己的歌声给她们增加精神和力量。

　　就像马金纳借助姑娘的歌声游过去一样，一艘小艇也以那优美的歌声为导航，终于穿过黑暗驶了过来。于是，很多人得救了。

人间值得：
以自己喜欢的方式过一生

不要害怕受伤害，你不会因此变得更糟

美国人常开玩笑说，是一位布朗小姐的厚此薄彼，才"造就"了一位美国总统。

原来故事是这样的。

在读高中时，查理·罗斯是最受老师宠爱的学生。他的英文老师布朗小姐，年轻漂亮，富有吸引力，是校园里最受学生欢迎的老师。同学们都知道查理深得布朗小姐的青睐，他们在背后笑他说，查理将来若不成为一个人物，布朗小姐是不会原谅他的。

在毕业典礼上，当查理走上台去领取毕业证书时，受人爱戴的布朗小姐站起身来，当众吻了一下查理，向他表达了出人意料的祝贺。

当时，人们本以为会发生哄笑、骚动，结果却是一片静默和沮丧。许多毕业生，尤其是男孩子们，对布朗小姐这样不怕难为情地公开表示自己的偏爱感到愤恨。不错，查理作为学生代表在毕业典礼上致告别词，也曾担任过学生年刊的主编，还曾是"老师的宝贝"，但这就足以使他获得如此之高的荣耀吗？典礼过后，有几个男生包围了布朗小姐，为首的一个质问她为什么如此明显地冷落别的学生。布朗小姐微笑着说，查理是靠自己的努力赢得了她特别的赏识，如果其他人有出色的表现，她也会吻他们的。

这番话使别的男孩得到了些安慰，却使查理感到了更大的压力。他已经引起了别人的忌妒，并成为少数学生攻击的目标。他决心毕业后一定要用自己的行动证明自己值得布朗小姐报之一吻。毕业之后的几年内，他异常勤奋，先进入了报界，后来终于大有作为，被杜鲁门总统亲自任命为白宫负责出版事务的首席秘书。

当然，查理被挑选担任这一职务也并非偶然。原来，在毕业典礼后带领男生包围布朗小姐，并告诉她自己感到受冷落的那个男孩子正是杜鲁门本人。布朗小姐也正是对他说过："去干一番事业，你也会得到我的吻的。"

查理就职后的第一项使命，就是接通布朗小姐的电话，向她转述美国总统的问话：您还记得我未曾获得的那个吻吗？我现在所做的能够得到您的评价吗？

生活中，当我们遭到冷遇时，不必沮丧，不必愤恨，唯有尽全力赢得成功，才是最好的答复。

人生中难免有时绝望，但真的不致崩盘

我们在处于绝望状态时，往往会设法逃避现实甚至希望得到他人的护佑。

著名政治家丘吉尔却不然，他深知在消极的情绪支配下不可

能马上找到解决的良方，因而要大胆地承认和接受眼前的现实，并借助这种豪迈的气概和客观的态度来鼓起自己的勇气。

有关英国前首相丘吉尔的传说很多。第二次世界大战爆发前曾流传这样一个故事。

当时战争已无法避免，一天，一位高级军官报告说，"依我看，事态的发展令人感到绝望。"

这时，丘吉尔镇定地说："的确，绝望的心情无法用言辞来表达。"丘吉尔首先肯定和承认这一现实，然后继续说，"可我感到我年轻了 20 岁！"

绝望和承认绝望是截然不同的两种精神状态。承认自己绝望才能客观地看待自己！因此，处于绝望状态时，承认自己处于绝望状态这一现实，不仅能松弛自己的情绪，甚至能使自己设法摆脱绝望的处境。

有一本杂志，曾刊载如下的新闻：有一位曾在战场上受伤的士兵，当他从麻醉手术台上醒过来的时候，军医对他说："你再休息一会儿，你就会痊愈了，唯一遗憾的是，你已经失去一只脚了。"

没有想到，这位伤兵却大声抗议说："不对，我这只脚不是失去的，而是被我遗弃的。"

任何人在读完这篇报道后，都对这位士兵那种毫不沮丧地接受悲剧事实的勇敢感到由衷的敬佩。他能把失去的，称为被遗弃的，显然表示他已经走出绝望的深渊。

不管"失去的"也好，"被遗弃的"也好，反正是自己已经没有了的东西，这是一个改变不了的事实。

失去了东西，内心一定会万分地惋惜，甚至会想不开；相反，如果你把它想象成被遗弃的东西，那就表示它是废物，在这种情况下，你就会以轻松的心情来处理事物，而且对它不再眷恋。

在我们的人生中，失去的东西显然不计其数。然而，只要我们把那些东西当作被遗弃的废物时，沮丧的感觉就会减轻许多。也只有这样，绝望之后才会感觉轻松。

第八章

一辈子，我们总能成为
某个人眼中最特别的人

用心体悟生命中的爱

人之所以容易成为爱情的俘虏，是因为爱情可以给人带来温暖，这种温暖是一种永久的幸福，不只写在人的脸上，更刻在人的心里。再聪明的人，没有爱情，也只会是一地清冷的月光；再美丽的人，没有爱情，也会让人觉得凄凉。唯有拥有爱情的人，生活才会如同日月交相辉映，眼中充满日的辉煌、月的浪漫。一个追求完美人生的人怎么可以缺少爱情的滋润？用心去体悟生命中的爱情吧，这比华美的服饰、奇妙的化妆品、神奇的整容术更能让你绽放夺目的美丽。

爱着的人最美。爱可以让人神采飞扬，爱的情怀能够让你产生有所寄托的愉快与幸福感。心，一旦孤寂和落寞，变成爱的荒原，美丽也会随之凋谢。

爱情是男女之间灵魂的神秘感应，它唤醒彼此沉睡的心灵来共同演绎一场酣畅淋漓的爱情之舞，它来自心灵深处所赋予的激情和感受。所以，一旦跳出传统的桎梏，敢于爱的人尤其美丽，尤其动人，因为这种对爱的态度深入骨髓，会由内而外地爆发出来。

真爱对人而言来之不易，真正的爱情是不顾一切、不受外因干扰的。如果遇到一个能令你动心的好人，只要你认为他会给你带来一场可以托付一生的爱情，就应该珍惜命运赐予你的机会，否则你很可能会为你的不作为而后悔一生。人一生下来就在寻找，所以，有爱时好好去爱，当心中的那个位置遇见了正确的对象时，就应该勇敢地伸出手去抓住，即使最终分手，恋爱过程中留下的美好感觉也是值得你回味一生的。与其终生遗憾，不如给自己一次冒险的机会，何况爱情本身就是一种冒险，除非不爱，否则一定要冒险。也许轰轰烈烈的爱情可能是一个无言的结局，也可能归于平凡，但如果冒险成就了真正的爱情，使心灵得到了真正的幸福，那么无论冒什么险都是值得的。

要想享受爱情的滋润，不仅要学会爱，还要学会被爱，懂得承受爱。大部分人似乎更乐意享受被爱、被呵护的感觉。那么，沉醉在被爱之中的人们，不要忘了问自己一声：我是否能像他爱我一样来爱他？在完美的爱情中，需要男女双方付出近乎平等的爱，如果你想把这种被爱的感觉长久地维系下去，就必须让你身边的这个人也有被尊重、被感谢、被爱的感觉。

即便现在的你，在过去的人生道路上从来没有遇到一个你认为的值得去爱的人，也不应着急，不要迫于世俗的压力而匆忙结婚。聪慧的人应该平心静气地等待属于他们的真正爱情。爱情就如同一坛芳香扑鼻的美酒，蹉跎的日子越久，那份迟来的爱情越是香醇。在没有爱情的岁月中，你不仅可以学会养活自己，更可以学会成长与独立。直至有一天，当你不再被斑斓的世界与美妙的幻想所迷惑，你将更加懂得自己真正需要的东西，懂得真正值得珍惜的爱情是什么样子。此时的你遇到的爱情，也将从青涩的狂想蜕变为花样的明艳。

爱情可遇而不可求，人应敢于爱、能够爱，在茫茫人海中，寻求那一份"执子之手，与子偕老"的地老天荒。爱情，是人一生的事业。

爱情来了，拥抱多彩人生

亲情、友情和爱情是每个人一生都要面对的三大课题，经历了亲情、友情和爱情之后的人生才算完整。除了亲情之外，人们尤其是年轻人，总是对爱情和友情之间的界限难以把握。青春期又是一个身体和心理双重发展的时期，如果对于友情和爱情处理不好，会影响到今后的生活，甚至是一生的幸福。

一个充满稚气的大男孩理查，与一个同样充满稚气的女孩安妮玩得很好，两人感情很融洽。"你们在相爱！"旁人评论说。

"是吗？我们在相爱吗？"他们问别人，也问自己。是的，弄不清自己是在与对方相爱，还是在与对方享受朋友间的友谊。于是，他们去问智者。

"告诉我们友谊与爱情的区别吧！"他们恳求道。

智者含笑看着两个年轻人，说道："你们给我出了一个最难解的题。爱情和友谊像一对性格迥异的孪生姊妹，她们既相同，又不同。有时她们很容易区分，有时却无法辨别……"

"请举例说明吧！"男孩和女孩说。

"她们都是人间最美好最温馨的情感。当她们给人们带来美、带来善、带来快乐时，她们无法区别；当她们遇到麻烦和波折时，反映就大不相同了。"

"比如……"男孩和女孩问。

"比如，爱情说：你是属于我一个人的；友谊却说：除了我还可以有她和他。"

"友谊来了，你会说：请坐请坐；爱情来了，你会拥抱着她，什么也不说。"

"爱情的利刃伤了你时，你的心一边流血，你的眼睛却渴望着她；友谊的锋芒刺痛了你时，你会转身而去，拔去芒刺，不再理她。"

"友谊远行时，你会笑着说：祝你一路平安！爱情远行时，你会哭着说：请你不要忘了我。"

"爱情对你说：我有时是奔涌的波涛，有时是一江春水，有时又像凝结的冰；友谊对你说：我永远是艳阳照耀下的一江春水。"

"当你与爱情被迫杀至绝路时，你会说：让我们一起拥抱死亡吧；当你与友谊被迫杀得走投无路时，你会说：让我们各自找条生路吧。"

"当爱情遗弃了你时，你可能大醉三天、大哭三天，又大笑三天；当友谊离你而去时，你可能叹一天气、喝一天茶，又花一天的时间寻找新的友谊。"

"当爱情死亡时，你会跪在她的遗体边上说，我其实已经同你一起死了；当友谊死亡时，你会默默地为她献上一个花圈，把她的名字刻在你的心碑上，悄然而去……"

男孩和女孩相视而笑，他们互相问道："当我远行时，你是笑还是哭呢？"

有人说，友谊与爱情像一对性格迥异的孪生姊妹，她们既相同，又不同。或许，真正懂得爱情，也不是一件容易的事：有很多人一生都没有明白什么叫爱；只是在爱情默然离开的时候，捶胸顿足，扼腕叹息。对于友谊和爱情，每个人都有自己的区分尺度。但是，不管怎样，有一点是可以肯定的，爱情总是较友谊更为炽烈、更为专一、更为投入。当你发现自己真爱上一个人，你的心里便不再容纳其他，而当他的爱逝去，你会觉得失去的是整个世界。

把自己当回事，别人才会拿你当回事

一个人，不管是什么看似高尚的原因，都不足以成为抛却理想、梦想和欲望的理由。

人间值得：
以自己喜欢的方式过一生

我们生而为人，就有自由梦想的权利，更有去追求与进取的义务。但在我们的生活中，有一些人每天看似忙忙碌碌地为周围的人全心付出，心中只放着别人的生活，几乎都没有自己的位置，但到头来，他为之付出的那些人反而并不觉得他的牺牲是有必要的。因为他并不快乐，他的不快乐影响了他周围的人，没有人愿意和一个一脸怨气的人说话。这样，这个人就会陷入自怨自艾的恶性循环，整天抱怨自己为谁辛苦为谁忙，却不去主动追求自己想要的生活。这真是可怜之人必有可恨之处，因为他确实付出了很多，但同时他又是可恨的，如果只是坐在那里怨天怨地，没有人能解救你，只有自己站起来去追求自己想要的生活，才能获得真正的解脱。

人应该把自己放在第一位，想吃就吃，想穿的时候就去买件新衣裳，常常保养、健身，让自己永葆青春，时时保持好心情。

人应该学会把自己放在第一位，不懈地追求自己的理想，努力实现自己的梦想。把在厨房的时间减少一些，有空约朋友喝喝茶、聊聊天，去户外走走，看看久违的风景，重拾原有的自信。只有自己把自己当回事，别人才会把你当回事，才会看得起你；只有自己把自己照顾好，才有资格去照顾别人。

人应该把自己放在第一位，好好对待自己，不要在生活中迷失自己。心情不错时，可以随时改变自己，让生活丰富起来。生活的艺术在于知道如何享受一点点，而忍受许许多多。每天给自己多一点自信，即使生活有一千个理由让你哭，你也要找到第一千零一个能让自己笑的理由。

每个人都是一朵最独特的花朵，纵使我们不能像水仙一样整日孤芳自赏，也要昂起头，正视我们的美丽，握紧我们被爱的权利。

欣赏的真谛：在酸楚中坚信未来是甜的

很多困扰婚姻的难题都是起源于夫妻双方的眼里对方的缺点越来越多、优点越来越少，他们变得不再像刚相爱时那样满眼都是对方的好。生活相处中，"欣赏"这个重要因素的遗失，使我们对一些鸡毛蒜皮的小事变得吹毛求疵、百般挑剔，轻易地就点燃了导火索，甚至炸碎了一个原本稳固的婚姻。

而生活中的一些小事，往往能让我们理解欣赏的真谛。

一个小孩子拿着一袋糖给父亲，调皮地说："爸爸，你从来没吃过这么甜的糖。"父亲放了一块在嘴里，哇，好酸哪！父亲赶紧把糖吐了出来。小孩的母亲不相信，也来试试，在丈夫和儿子的鼓励下坚持了 20 秒，也终于因为忍受不了而宣告失败。

儿子朝他们撇撇嘴。妻子和丈夫忍不住又试了试，强忍着酸涩，忍耐了 50 秒钟后，竟然品出一种香香甜甜的味道。

那糖袋上印着一段很有趣的文字：

这里能体会你有多少的勇气和毅力。

10 秒不要灰心哦!

20 秒够劲吧! 继续坚持!

30 秒我们了解你的感受。

40 秒渐渐你会发现它的奥妙。

50 秒胜利属于你!

其实这就像婚姻, 平凡和苦涩中常有甜蜜和温情, 只要你在必要的时候坚持一下、耐心一点。夫妻之间的争吵, 其实大多数情况下并没有大的矛盾, 只是一些鸡毛蒜皮的小事。夫妻之间互相欣赏何尝不是这样, 在众多的琐事背后, 多想想他曾经让你仰慕的地方。

曾经掀起收视热潮的电视剧《中国式离婚》讲述了一个颇具代表性的中国家庭的故事。妻子是小学教师, 丈夫是国有医院的外科医生。但在妻子林小枫眼里, 平凡的丈夫似乎一无是处, 不能给她和儿子带来富贵安逸的生活, 她觉得被排除在现代大都市的生活之外。于是妻子觉得很失落, 对丈夫多番挑剔, 甚至将对丈夫的失望和瞧不起公开化, 两人的婚姻陷入危机, 最终不得不走上离婚的道路。

《中国式离婚》之所以能热播, 在于编剧抓住了很多中国家庭不和谐的关键——互相挑剔。"孩子都是自己的好, 妻子都是别人的好", 婚姻中的男女都有一种奇怪的心理, 即总是用自己孩子的长处去与别人孩子的短处比, 而用自己妻子或丈夫的短处去与别人妻子或丈夫的长处比，并陷入痛苦不满之中而不能自拔。

像《中国式离婚》里的妻子林小枫，对丈夫有着过高的要求，希望他能在经济上更加强势，颇有一种"望夫成龙"的意味。甚至不顾丈夫自己的意见一味劝说、强迫，逼迫他选择一条他自己并不认同的道路。这样的结果只能是两个人都不能如愿。

从伟大中看出伟大并不叫欣赏，真正的欣赏是从平凡中发现可贵的闪光点。这一点，尤其适用于普通夫妻的相处之道，只要你用心发掘，任何人身上都有难能可贵的高尚节操，更何况是与你相濡以沫的爱人呢？婚姻这颗糖，往往要在忍耐中等待甜蜜的时刻，只要我们不再整日拿着放大镜放大对方的缺点，我们一定能坚持等到苦尽甘来。

就算无人喝彩，你也要做他的观众

有人说，男人最强的激发力是取悦女人的欲望，这样的说法有几分道理。古代男人为了在女人面前表现英勇会去与野兽搏斗，现代的男人会为了取悦女性往往会去创造财富和追逐权势、名气。除了满足男人天生的征服欲望以外，男人拼命工作的大部分原因就是为了能给妻子和家人提供更好的生活条件。

西方神话里，夏娃是用亚当的肋骨做成的。这样的说法总是让人感觉到女人对男人的依附性。不过有些时候，换个视角来看，女人真的可以做男人的骨头，并且是"主心骨"。在夫妻之间，很多时候如果没有妻子的支持，丈夫就难以做成自己的事业。

19 世纪末，底特律的一个电灯公司以月薪 11 美元启用了一名年轻的技工。他每天工作 10 小时，回家以后，还常常花费半个晚上在一间旧棚子里工作，想要设计出一种新的引擎。他的父亲是个农夫，认为自己的儿子是在浪费时间。邻居们都说，这位年轻技工是个大笨牛。

绝大部分人在取笑他，没有人认为他能够造出什么东西来。当时，只有一个人相信他会成功，那就是他的太太。当白天的工作做完以后，他的太太就在小棚子里帮助他研究。冬天，很早天色就暗了，他太太提着煤油灯为他照明，使他能够工作。他太太的牙齿在寒风中颤抖着，手冻成了紫色。但是她相信她先生的引擎终有一天会设计成功，所以她先生称呼她是自己的"信徒"。

后来，他终于成功了。1893 年，在这个年轻人 30 岁生日的前几天，他的邻居们都被一连串奇怪的声音吓了一大跳。他们跑到窗口，看到那个大怪人——亨利·福特和他的太太，正乘坐着一辆没有马的马车，在路上摇晃着前进。那辆车子真的可以跑到转角那么远然后又跑回来。

一个新工业诞生了，这个新工业——汽车工业对整个世界都产生了深远的影响。如果亨利·福特是汽车工业之父，那福特夫人这位"信徒"，就可以当之无愧地被叫作汽车工业之母了。

50年以后，当福特先生，被问到他下一次出生时希望成为什么样的人，"我不在乎，"福特先生说，"只要能够和我太太在一起。"他终生都称他的太太为"信徒"，而且希望永远和她在一起。

每个男人都需要一个信徒，一个在环境艰苦的时候，仍然相信他、鼓励他的女人。当别人都不相信他的时候，当他处境危急的时候，当他屡次遭遇失败的时候，男人需要一个能帮他树立起自信心的太太，让他知道有人会永远无条件地跟他站在一起。如果连他的妻子都不信任他，还有谁会信任他呢？

相互安慰、相互鼓励、相互扶助，对夫妻来说实在太重要了。在正常情况下，夫妻要共同生活一辈子，在这漫长的人生道路上，哪能总是风和日丽、一马平川呢？总难免有磕磕碰碰、艰难曲折。在这种情况下，人对人的安慰和鼓励、支持和帮助就十分重要了。能敏感地觉察到丈夫的情况变化，能深刻地了解丈夫的心理特征，说的话最亲切，对丈夫的情绪能起到很大的稳定作用，能时时处处给丈夫最大的精神动力的妻子，才算是丈夫最贴心的"肋骨"，也是最重要的"主心骨"。

大部分的男人不会承认他们易受自己所喜爱的女人的影响，因为雄性动物天生就喜欢被认为是物种中的强者。此外，聪明的女人也会认同这种男子汉气概的特质，且明智地对这一点不予以争辩。有些男人知道自己受周围的女人——妻子、母亲或姊妹的影响，但他们不会反抗这股影响力。因为他们知道，如果没有女人所给予的正确的影响力，他们是不会快乐的。尤其是当他的事业无人喝彩时，作为妻子更应当成为他的观众，成为他不可缺少的"主心骨"。

爱是让生命不那么痛苦的东西

一家新开业的礼品店热闹了一阵后，慢慢地安静了下来。年轻的姑娘黛丝刚把凌乱的柜台整理好，一位20多岁的男青年进了店。他瘦瘦的脸颊，戴副近视镜。他冷冰冰的目光在店中搜索，最后落在窗边那只柜台里。黛丝顺着男青年的目光看去，见他正盯着一只绿色玻璃龟出神。

她走过去轻声问道："先生，你喜欢这只龟吗？我拿出来给您看。"

男青年似乎对看与不看并不在意，伸手把钱包掏出来，问道："多少钱一只？"

"20元。"

青年不假思索地把钞票拍在柜台上。

面对黛丝递过来的乌龟，青年人眯起眼睛慢慢地欣赏着，脸上的肌肉时不时地抽动一下，继而一丝笑容勉强地跳了出来。他自言自语道："好，把它作为结婚礼物是再好不过了。"青年的脸兴奋得有点扭曲，两眼灼灼闪光。

黛丝在一旁细心地观察着青年，她对青年自言自语的那句话感到极大的震惊。虽然她刚刚离开校门不久，但她知道那种东西若出现在婚礼上，无疑是投下一枚重磅炸弹。黛丝表情平静地问道："先生，结婚的礼物应当好好包装一下。"说完弯腰到柜台下找着什么。"真不巧，包装盒用完了。"女孩说道。

"那怎么行，明天一早我就要用的。"

黛丝忙说："不要紧，您先到别处转一下，20分钟以后再来，我包装好了等您，保证让您满意。"

20分钟以后，青年如约取走了那盒包装得极精美的礼物，等待着像战士奔赴战场一样，去参加他以前曾经深爱过的一位姑娘的婚礼。

婚礼的第二天晚上，青年终于等到了姑娘打来的电话，当他听到那久违而又熟悉的声音时，双腿一软竟坐在了地板上。

这一天他度日如年，是在悔恨和自责中熬过的。他像一个等待法官宣判的罪人一样，等待着姑娘对他的怒斥。可他万万没想到，电话中传来的是姑娘甜甜的道谢声："我代表我的先生，感谢你参加我们的婚礼，尤其是你送来的那份礼物，更让我们爱不释手……"爱不释手？他简直不相信自己的耳朵，他不知道通话是怎么结束的。

青年度过了一个不眠之夜。清早，他来到礼品店，进门一眼就看见那只乌龟还躺在柜台里，此时他似乎明白了一切。

对青年的突然出现，黛丝的确感到有些意外。望着他那红肿的眼睛，黛丝发现里面已不再是那绝望的冷酷。青年嘴唇哆嗦了一下，似乎要说些什么。突然他走到黛丝面前深深地鞠了一躬，等他再抬头时，已是泪流满面。他哽咽地说道："谢谢你，谢谢你阻止我滑向那可怕的深渊。"

黛丝见青年已经明白了一切，从柜台里取出一个盒子，打开后交给了他，轻声说道："这才是你送去的真正礼物。"原来那是一尊水晶玻璃心，两颗相交在一起的、什么力量也无法把它们分开的水晶玻璃心。此时，一缕晨光透过窗子照在水晶心上，折射出一串绚丽的七彩光来。

青年惊叹道："太美了，实在太美了。这么贵重的礼物，我付的钱一定是不够的。"

黛丝忙打断他说道："论价值它们是有差别的，但它如果能了却你们以前的恩恩怨怨，那它也就物有所值了。至于两件礼物之间所差的那点钱，也不必想它，将来你会遇到更好的姑娘，那时候你再到我的店里多买些礼物送给她，就算感谢我了。"

不论是谁在遭到自己最爱的人无情的离弃后，那份悲愤与怨恨都是不难想象的。可是为什么重逢之际，当初那种火山喷涌的怨怒与报复欲没能复燃，却要情不自禁地用一颗同情的心体谅对方。对曾经负情之人再伸出温情之手或选择悄悄走开，这说到底，还是爱。因为，他们曾经真正地爱过、痛过。那份爱，深入骨髓，温暖过他们的心灵和生命旅程。时间的流水可以带走很多东西，诸如忧伤、仇恨，但永远抹不去最初的那份爱恋在心灵上留下的温馨、美好与感动。那份爱，已如磐石，无法撼动。没有人会为了收获仇恨而去播种爱的种子。即使不能相爱，即使曾经爱过的人伤害过我们，我们也不该因爱成仇，而是要学会忘却。

希望你爱得简单，有面包也懂浪漫

爱情是一种浪漫的体验。这种体验使任何事物在恋爱者的眼中，都是一种美好。爱情中不能没有浪漫，没有浪漫，也就没有了爱情，爱情建立在双方因相互的好感而出现的良好氛围之上；然而，爱情的浪漫毕竟只是一种主观的、很缥缈的东西，总是依赖于现存的事情上，没有现实做基础的爱情也是不牢固的，总有一天泡沫破了，梦也就醒了。

一对情侣结伴到山里去露营。晚上睡觉的时候，一个人问另一个人："你看到什么呀？"另一个人回答："我看到满天的星星，深深感觉到宇宙的浩瀚，造物主的伟大，我们的生命是多么的渺小和短暂……那你又看到什么了？"

人间值得：
以自己喜欢的方式过一生

那个先开口说话的人冷冷地说道："我看见有人把我们的帐篷偷走了。"

只顾精神的纯浪漫主义者，他们的生活很可能过得很寒酸；而完全埋头于实际事务中没有想象力的现实主义者，他们的生活又是多么枯燥乏味。生活需要的是二者的适度结合。

其实，真正的爱情，既不缺乏物质基础，又会让人感到精神满足。在爱情中，女孩往往比男孩更容易感情用事，更倾向于追求浪漫的情节而忽视现实因素。

"浪漫"和"现实"是一对恋人，他们两人如漆似胶地相爱着，真可以说一日不见，如隔三秋。

一次，为了考察"现实"对自己的忠诚程度，"浪漫"问："你到底爱不爱我？"

"十二分地爱你！""现实"回答。

"那假设我去世了，你会不会跟我一起走？"

"我想不会。"

"如果我这就去了，你会怎样？"

"我会好好活着！"

"浪漫"心灰意冷，深感"现实"靠不住，一气之下和"现实"分开了，去远方寻觅真爱。

"浪漫"首先遇到了"甜言"，接着又碰见"蜜语"，相处一年半载后，均感不合心意。过烦了流浪的日子，"浪漫"通过比较，觉得"现实"还是多少出色一些，就又来到"现实"面前。

此时，"现实"已重病在床，奄奄一息。

"浪漫"痛心地问："你要是去世了，我该咋办呢？"

"现实"用最后一口气吐出一句话："你要好好活着！"

"浪漫"猛然醒悟。

看了上面的小故事，我们无法不为它所震撼。其实，真正的浪漫，来自对生活的真实面对，来自对爱人的真心付出。男孩不肯用虚华的甜言蜜语来欺骗女孩的感情，这正是发自心底的真爱，也是对女孩和自己人生的负责。

真正的浪漫不是浅薄的、程式化的甜言蜜语，也不是死去活来的心灵激荡；它应该是一种切实的温馨与美好，是一种真正地、全心全意为对方着想的相互关爱。彼此携手，互相扶助，共同面对生活的风雨；以一颗浪漫美好的心，认真地生活——这才是爱情的真谛！

不是没你不行，而是有你更好

爱的真谛不是自私也不是约束，更不是占有，而是要让对方自由地飞翔。1853 年，作曲家勃拉姆斯幸运地结识了舒曼夫妇。

舒曼非常赏识勃拉姆斯的音乐天赋，并热情地向音乐界推荐了这位年仅 20 岁的后起之秀。

但不幸的是，半年后舒曼就因精神失常而被送进了疯人院。当时，舒曼的夫人克拉娜正怀着身孕，残酷的现实使她悲恸欲绝，难以接受。这时，勃拉姆斯来到了克拉娜身边，诚心诚意地照顾她和孩子，还时常到疯人院看望恩师舒曼。

　　克拉娜是一位很有教养、品行高尚的钢琴家。在那段患难与共的日子里，勃拉姆斯难以抗拒地深陷了，他最初对克拉娜的崇拜，竟渐渐转化成真挚的爱恋。尽管她大他14岁，而且已是7个孩子的母亲，但这些丝毫不能减弱他对她的痴情、爱恋的情感，毫不留情地深深将他包围；然而，他也清楚地知道，克拉娜永远不会响应这份深刻的情感，可是他仍不放弃，只求能够静静地陪伴、支持自己所爱的人。

　　其实，克拉娜并非不知，但她始终克制着自己……勃拉姆斯从克拉娜身上看到了自我克制的人性光辉，这样的克拉娜，让他更为恋慕，因此他决意成全。他将满腔的情意，投诸文字之中，不断地写情书给克拉娜，却始终一封也未寄出。他更把所有的爱恋都倾注在五线谱上，整整20年，他终于写成了《C小调钢琴四重奏》，一座用20年生命和激情铸造的爱情丰碑！

　　爱的最高境界不是索取，而是真心希望对方获得幸福。如果仅仅将爱的定义等同于占有，那么就将爱庸俗化了。

　　故事中作曲家勃拉姆斯对克拉娜炽烈的爱无处倾诉，他选择了将爱谱写成乐曲，这种人性的高尚也使得他的作品多了一份庄严的分量。

真爱一个人不是要得到他，或放置身边，而是内心为他祈愿。如果不能在一起，就不要捅破这层纸，让美丽永驻心间。

若不珍惜，谁能许你未来

我们要懂得珍惜当下的幸福，不要等到失去了才追悔莫及，不要把所有的希望都放在未来，这样我们才能及时品味人生的乐趣。

从前，有一座圆音寺，每天都有许多人上香拜佛，香火很旺。在圆音寺庙前的横梁上有个蜘蛛结了张网，由于每天都受到香火和虔诚的祭拜的熏陶，蜘蛛便有了佛性。经过了一千多年的修炼，蜘蛛的佛性增加了不少。

忽然有一天，佛祖光临了圆音寺，看见这里香火甚旺，十分高兴。离开寺庙的时候不经意间看见了横梁上的蜘蛛。佛祖停下来，问这只蜘蛛："你我相见总算是有缘，我来问你个问题，看你修炼了这一千多年来，有什么真知灼见。"

蜘蛛遇见佛祖很是高兴，连忙答应了。佛祖问道："世间什么才是最珍贵的？"蜘蛛想了想，回答道："世间最珍贵的是'得不到'和'已失去'。"佛祖点了点头，离开了。

蜘蛛依旧在圆音寺的横梁上修炼。

有一天，刮起了大风，风将一滴甘露吹到了蜘蛛网上。蜘蛛望着甘露，见它晶莹透亮，很漂亮，顿生喜爱之意。蜘蛛看着甘露，它觉得这是它最开心的几天。突然，又刮起了一阵大风，将甘露吹走了，蜘蛛很难过。这时佛祖又来了，问蜘蛛："蜘蛛，世间什么才是最珍贵的？"蜘蛛想到了甘露，对佛祖说："世间最珍贵的是'得不到'和'已失去'。"佛祖说："好，既然你有这样的认识，我让你到人间走一趟吧。"

蜘蛛投胎到了一个官宦家庭，成了一个富家小姐，父母为她取了个名字叫蛛儿。一晃，蛛儿到了16岁，出落成了个楚楚动人的少女。

这一日，皇帝决定在后花园为新科状元郎甘鹿举行庆功宴席。宴席上来了许多妙龄少女，包括蛛儿，还有皇帝的小公主长风。状元郎在席间表演诗词歌赋，大献才艺，在场的少女无一不被他所折服。但蛛儿一点也不紧张和吃醋，因为她知道，这是佛祖赐予她的姻缘。

过了些日子，蛛儿陪同母亲上香拜佛的时候，正好甘鹿也陪同母亲而来。上完香拜过佛，两位长辈在一边说话。蛛儿和甘鹿便来到走廊上聊天，蛛儿很开心，终于可以和喜欢的人在一起了，但是甘鹿并没有表现出对她的喜爱。蛛儿对甘鹿说："你难道不记得16年前圆音寺蜘蛛网上的事情了吗？"甘鹿很诧异，说："蛛儿姑娘，你很漂亮，也很讨人喜欢，但你的想象力未免太丰富了吧。"说罢，和母亲离开了。

几天后，皇帝下诏，命新科状元甘鹿和长风公主完婚，蛛儿和太子芝草完婚。这一消息对蛛儿如同晴天霹雳，她怎么也想不通，佛祖竟然这样对她。几日来，她不吃不喝，生命危在旦夕。太子芝草知道了，急忙赶来，扑倒在床边，对奄奄一息的蛛儿说道："那日，在后花园众姑娘中，我对你一见钟情，我苦求父皇，他才答应。如果你死了，那么我也就不活了。"

说着就拿起了宝剑准备自刎。

这时，佛祖来了，他对快要出壳的蛛儿的灵魂说："蜘蛛，你可曾想过，甘露（甘鹿）是风（长风公主）带来的，最后也是风将它带走的。甘鹿是属于长风公主的，他对你不过是生命中的一段插曲。而太子芝草是当年圆音寺门前的一棵小草，他看了你三千年，爱慕了你三千年，但你从没有低下头看过它。蜘蛛，我再问你，世间什么才是最珍贵的？"蜘蛛一下子大彻大悟，她对佛祖说："世间最珍贵的不是'得不到'和'已失去'，而是现在能把握的幸福。"刚说完，佛祖就离开了，蛛儿的灵魂也回位了，她睁开眼睛，看到正要自刎的太子芝草，马上打落宝剑，和太子深情地抱在一起……

生活总是这样捉弄人，想要的得不到，不留恋的却偏偏徜徉身边。当那个"爱我的人"对我们还恋恋不舍的时候，我们以为这一切幸福都不会消失，我们理所当然地接受他们的爱，心里却在为"得不到"与"已失去"的黯然神伤。日子一天天地滑过，直到有一天那个"爱我的人"因失望而选择离开时，我们才蓦然惊醒：原来他（她）才是上天许给我的姻缘！因此要懂得：珍惜眼前人。

对最喜欢的人，说最动听的话

　　爱情的美丽在于勇敢无畏的追求过程。如果你真的爱上了一个人，不要害怕拒绝，勇敢地去追求，只要曾经努力过，不管今后成功与否，你都不再留下遗憾。

　　荷兰足球明星克鲁伊夫曾五次被评为荷兰"足球先生"，三次被评为欧洲"足球先生"。他风度翩翩，言谈举止十分优雅。他曾收到许多姑娘的情书，但他没有理会，因为他要在绿茵场上奔跑。一次，他收到一个用裘皮精装的日记本。每一页上都只有一个名字，他自己亲笔写的名字——克鲁伊夫。一直翻到最后才有一篇文章，那秀丽流畅的笔迹使克鲁伊夫惊诧不已，他一口气读完了它：

　　"……我已经看过你踢的100多场球，每一场都要求你签名，而且得到了，我多么幸运啊！当然，对于拥有无数崇拜者的你来说，我是微不足道的一个，'爱是群星向天使的膜拜'，但我敢说，我是最有心计的一个，我多么希望你对我已经有一点印象啊……

　　"坦率地说，我爱你，这封信花了我整整一个星期，我曾经在月下彷徨，曾经在玫瑰园惆怅，也曾经在王子公园徘徊，好多次想迎着你，我毕竟才19岁，少女的羞涩仍不时漾上脸庞，心中只有恐惧和向往……现在，爱神驱使我寄出了这个本子。

"……如果你不能接受我奉上的爱情，请把这个本子还给我，那上面'克鲁伊夫'的名字会给我破碎的心一半的慰藉，那另一半就是你，我多么想也得到那另一半啊……"

字里行间流露出的真挚感情，深深打动了克鲁伊夫，他终于留下了本子。一星期后，在王妃公园的马达卡亚塑像旁，克鲁伊夫和丹妮·考斯特尔相会了。21岁的世界足球明星和19岁的美丽姑娘一见钟情，遂定金石之盟。

"功夫不负有心人"，在追求爱情方面也是如此。在爱的旅程中，最可贵的精神就是执着。

心中有爱，却不懂得如何去追求爱，你只能在苦苦的等待中看着自己的爱悄悄溜走。被动，使你永远在等待。其实，在许多情况下，自卑是爱的第一大天敌。自卑的人就像一根受了潮的火柴，很难点燃幸福的火花。只有克服自卑，才能燃起心中爱情的烈焰。爱情之路上不需要犹豫与懦弱，需要勇气。

人间值得：
以自己喜欢的方式过一生

第九章

愿你遍历山河，
归来时仍觉人间值得

不靠谱的人生，都是没有勇气的人生

派蒂·威尔森在年幼时被诊断出患有癫痫。她的父亲吉姆·威尔森习惯每天晨跑。有一天，戴着牙套的派蒂兴致勃勃地对父亲说："爸，我想每天跟你一起慢跑，但我担心病会中途发作。"

她父亲回答说："如果你的病发作，我知道该怎样应付。我们明天就开始跑吧。"

于是，十几岁的派蒂就这样与跑步结下了不解之缘。和父亲一起晨跑是她一天之中最快乐的时光；跑步时，派蒂的病一次也没发作。

几个星期后的一天，她向父亲表达了自己的心愿："爸，我想打破女子长距离跑步的世界纪录。"父亲替她查吉尼斯世界纪录，发现女子长距离跑步的最高纪录是 128 千米。

当时，读高一的派蒂为自己订立了一个长远的目标："今年我要从橘县跑到旧金山（640 多千米）；高二时，要到达俄勒冈州的波特兰（2400 多千米）；高三时的目标在圣路易市（3200 多千米）；高四则要向白宫进发（4800 多千米）。"

虽然派蒂的身体状况与他人不同，但她依旧满怀热情与理想。对她来说，癫痫只是偶尔给她带来不便的小毛病。她并不因此消极退缩，相反，她更加珍惜自己已经拥有的一切。

高一时，派蒂穿着上面写有"我爱癫痫"的衬衫，一路跑到了旧金山。她父亲陪她跑完了全程，母亲则开着旅行拖车尾随其后，照料父女两人。

高二时，她身后的支持者换成了班上的同学。他们拿着巨幅的海报为她加油打气，海报上写着："派蒂，跑啊！"但在这段前往波特兰的路上，她扭伤了脚踝。医生劝告她马上中止跑步："你的脚踝必须打上石膏，否则会造成永久的伤害。"

她回答道："医生，跑步不是我一时的兴趣，而是我一辈子的至爱。我跑步不单单是为了自己，同时也是要向所有人证明，残疾人同样可以跑马拉松。有什么方法能让我跑完这段路？"

医生表示可用黏合剂先将受损处接合，而不用上石膏；但他警告说，这样会起水泡，到时会十分疼痛。

派蒂毫不犹豫地点头答应了。

派蒂终于来到波特兰，俄勒冈州州长陪她跑完最后 1.6 千米。一面写着红字的横幅早在终点等着她："超级长跑女将，派蒂·威尔森在 17 岁生日这天创造了辉煌的纪录。"

高中的最后一年，派蒂花了 4 个月由美国西海岸长跑到东岸，最后抵达华盛顿，并接受总统召见。她告诉总统："我想让人们明白，癫痫患者与一般人无异，也能过正常的生活。"

美好的叫作精彩，糟糕的叫作经历

有位青年，厌倦了日复一日平淡无奇的生活，感到无聊和痛苦。

为寻求刺激，青年参加了挑战极限的活动。

主办者把他关在山洞里，无光无火亦无粮，每天只供应 5 千克的水，时间为 120 小时，整整 5 个昼夜。

第一天，青年还心怀好奇，颇觉刺激。

第二天，饥饿、孤独、恐惧一齐袭来，四周漆黑一片，听不到任何声响。于是他有点向往起平日里的无忧无虑来。

他想起了乡下的老母亲千里迢迢、风尘仆仆地赶来，只为送一坛韭菜花酱以及给小孙子的一双虎头鞋。

他想起了终日相伴的妻子在寒夜里为自己掖好被子。

他想起了宝贝儿子为自己端的第一杯水。

他甚至想起了与他发生争执的同事曾经给自己买过的一份工作餐……

渐渐地，他后悔起平日里对生活的态度来：懒懒散散，敷衍了事，冷漠虚伪，无所作为。

第三天，他饿得几乎挺不住了。可是一想到人世间的种种美好，便坚持了下来。第四天、第五天，他仍然在饥饿、孤独、极

人间值得：
以自己喜欢的方式过一生

大的恐惧中反思过去，向往未来。

他痛恨自己竟然忘记了母亲的生日；他遗憾妻子分娩时未尽照料的义务；他后悔听信流言与好友分道扬镳……他这才觉出需要他努力弥补的事情竟是那么多。可是，连他自己也不知道，他能不能挺过最后一关。

就在他涕泪齐下、百感交集之时，洞门开了。阳光照射进来，白云就在眼前，淡淡的花香，悦耳的鸟鸣——他又迎来了美好的人间。

青年摇摇晃晃地走出山洞，脸上浮现出了一丝难得的笑容。5天来，他一直用心在说一句话，那就是：活着，就是幸福！

让每一天都闪闪发亮

一位风烛残年的老人在日记簿上记下了对生命的领悟。

"如果我可以从头活一次，我要尝试更多的错误。我不会再事事追求完美。"

"我情愿多休息，随遇而安，处世糊涂一点，不对将要发生的事处心积虑。其实人世间有什么事情需要斤斤计较呢？

"可以的话，我会多去旅行，跋山涉水，最危险的地方也要去一次。以前我不敢吃冰激凌，不敢吃豆，是怕危害健康，此刻我是多么的后悔。过去的日子，我实在活得太小心，每一分每一秒都不容有失。太过清醒明白，太过清醒合理。

"如果一切可以重新开始，我会什么也不准备就上街，甚至连纸巾也不带一张，我会用心享受每一分、每一秒。如果可以重来，我会赤足走在户外，甚至整夜不眠，用这个身体好好地感受世界的美丽与和谐。还有，我会去游乐园多玩几圈木马，多看几次日出，和公园里的小朋友玩耍。

"如果人生可以从头开始……但我知道，不可能了。"

这就是人生，真的不能再来一次。

今天，正值韶华的你，如果每天巧用一分钟，会是怎样呢？

多读一分钟：书太多了，人的时间太少了，多浪费一分钟，少阅读一本书。经常省下零零星星的一分钟，拿出一本喜欢又被遗忘很久的书来阅读。多读一分钟，你会感到很惬意。

多玩一分钟：人生倏忽百年，少得可怜。每天多留一分钟，看一看山水，看一看大海和天空，看一看星星和月亮，把人生演绎得美妙些。

多陪孩子一分钟：孩子是人生里最重要的财产之一，多一分钟赚钱，便少一分钟与孩子相处的机会。要珍惜与孩子的相处，你可以返璞归真，拥有童稚之心，无忧、欢乐。

多陪爱人一分钟：爱人不是用来拌嘴的对象，是陪你走一生的人，在终老之前多陪她一分钟。一个一分钟很少，一百个一分钟也不多，但是千千万万个一分钟，可就不少了。每天预留一分钟给家人，人生便多了许多一分钟的美好。

每个人都曾深陷泥淖，走出来才叫人生

在人的一生中，每个人都不能保证一切顺利，然而人们在面对失败时大可不必灰心丧气，用心发现，其实路就在你脚下。

达尼是一个很有事业心的人，他在一家销售公司一干就是五年，从一个刚毕业的大学生一直做到了分公司的总经理。在这五年里，公司逐渐成为同行业中的佼佼者，达尼也为公司付出了许多，他很希望通过自己的努力将企业带入一个更加成功的境地。然而就在他兢兢业业拼命工作的时候，达尼发现老板变了，变得不思进取、"牛"气十足，对自己渐渐地不信任，许多做法都让人难以理解。而达尼自己也找不到昔日干事业的感觉。

同样，老板也看达尼不顺眼，说达尼的举动使公司的工作进展不顺利，有点碍手碍脚。不久，老板把达尼解雇了。

从公司出来后，达尼并没有气馁，他对自己的工作能力还是充满了信心。不久，达尼发现一家大型企业正在招聘一名业务经理，于是将自己的简历寄给了这家企业，没过几天他就接到面试通知，然后和老总面谈，最终顺利得到这份工作。工作大约一个月时间，达尼觉得自己十分欣赏该公司总经理的气魄和工作能力。同时，他也感到总经理同样十分赏识他的才华与能力。在工作之余，总经理经常约他一起去游泳、打保龄球或者参加一些商务酒会。

在工作中，达尼发现公司的企业图标设计相当烦琐，虽然有美感，但缺乏应有的视觉冲击力，便大胆地向总经理提出更换图标的建议。没想到总经理也早有此意，总经理把这件事安排给他去完成。

为了把这项工作做好，达尼亲自求助于图标设计方面的专业人士，从他们设计的作品中选出了比较满意的一件。当他把设计方案交给总经理的时候，总经理大加赞赏，立马升达尼为公司副总，薪水增加一倍。

是的，被解雇并不是一件坏事，达尼面对无情的解雇，凭借着才能找到了更适合自己的工作，而且得到了一位真正"伯乐"的赏识。

其实路就在脚下，被解雇了，我们不用去计较，走过去，前面也许有更光明的一片天空在等着我们。

美国著名作家海明威在《老人与海》中，阐述了这么一个关于人的尊严的道理——"人可以被消灭，但不能被打败！"因此，我们要不断地自我激励，不能因为一时的挫折就把自己的一生永远地困在困境的泥淖中。人的可贵之处在于，无论我们要跌倒多少次，都能从失败的废墟上站起来！站立的人方显得高大，人生也会因此而显得绚丽多彩。作为一个现代人，应具有迎接挑战的心理准备。世界充满了机遇，也充满了风险。要不断提高自我应付挫折的能力，调整自己，增强社会适应力，坚信挫折中蕴含着机遇。

也许在人生低谷的你正在为自己失业了而烦恼不堪。其实这于事无补，相信上帝在关上一扇门的同时会打开另一扇窗户，机遇的诞生可能就在这一切发生之时。

人生不可能圆满，希望你一直自我感觉良好

也许你想成为太阳，可你只是一颗星辰；也许你想成为大树，可你只是一株小草；也许你想成为大河，可你只是一泓山溪……于是，你很自卑。很自卑的你总以为命运在捉弄自己。其实，你不必这样：欣赏别人的时候，一切都好；审视自己的时候，却总是很糟。和别人一样，你也是一道风景，有阳光，有空气，也有寒来暑往，抑或有别人未曾见过的一株春草，甚至有别人未曾听过的一阵虫鸣……做不了太阳，就做星辰，让自己发热发光；做不了大树，就做小草，以自己的绿色装点希望；做不了伟人，就做实在的小人物，平凡并不可悲，关键是必须扮演好自己的角色。

有个小男孩头戴球帽，手拿球棒与棒球，全副武装地走到自

家后院。

"我是世上最伟大的击球手。"他自信地说完后，便将球往空中一扔，然后用力挥棒，却没打中。他毫不气馁，继续将球拾起，又往空中一扔，然后大喊一声："我是最厉害的击球手。"他再次挥棒，可惜仍是落空。他愣了半晌，然后仔仔细细地将球棒与棒球检查了一番之后，他又试了一次，这次他仍告诉自己："我是最杰出的击球手。"然而他第三次的尝试还是挥棒落空。

"哇！"他突然跳了起来，"我真是一流的投手。"

男孩勇于尝试，能不断给自己打气、加油，充满信心，虽然仍是失败，但是，他并没有自暴自弃，没有任何抱怨，反而能从另一种角度"欣赏自己"。

生活中大多数人习惯自怜自艾、自我批判，他们最常说的是"我身材难看""我能力太差""我总是做错事"……他们总是学不会像那个小男孩一样，换个角度欣赏自己，这都是由于自卑心理在作祟。自卑心理所造成的最大问题是：你总是在斤斤计较你的平凡，你总是在想方设法证明你的失败，每一天你都在为自己的想法找证据，结果你越来越觉得自己平凡、渺小，处处不如人。一个值得思考的问题是：为什么你明明知道这样做会使人生更灰暗、负面的感觉更多，更不知道珍惜人生的天赋美好，却还是执迷不悟。我们都是芸芸众生中的一员，都是平凡的小人物，但我们也有比别人美好的地方，所以千万不要贬低自己。

如果一个人对自己都不欣赏，连自己都看不起，那么，怎么

人间值得：
以自己喜欢的方式过一生

会自强、自信、自爱、自省呢？你也许曾埋怨过自己不是名门出身，你也许曾苦恼过自己命运中的波折，你也许曾惋叹过自己行程中的坎坷。可是，你有没有正视过自己？对于一个生活的强者而言，出身只是一种符号，它和成功没有丝毫瓜葛，你又何必为此而斤斤计较？人生变动不居，又岂能无忧无虑、平静无波？生命的行程如果没有顽石的阻挡，又怎能激起美丽的浪花朵朵？

生命的美在于过程

"只有一个真正严肃的哲学问题，那就是自杀。"这是加缪《西西弗斯神话》里的第一句话。朋友提起这句话时，正躺在医院急诊室的病床上，140粒安定药没有撂倒他，他又能够微笑着和大家说话了。

一位朋友肺癌晚期，一年前医生就下过病危通知书，是钱、药、家人的爱在一点一点地延长着他的生命。对于病人，病痛的折磨或许会让他感到生不如死，但对于亲人来说，不惜一切代价，只要他活着，只要他在那儿。

人无权决定自己的生，但可以选择死。为什么要活着？怎样活下去？是人终生都要面对的问题。

有一个春天，李杰很忧郁，是那种看破今生的绝望、那种找不到目的和价值的空虚、那种无枝可栖的孤独与苍凉。一个下午，李杰抱了一大堆影碟躲在屋内，心想就这样看吧，看死算了。直到他看到它——伊朗影片《樱桃的滋味》，他的心弦被轻轻地拨动了。

那时李杰的电脑还没装音箱，只能靠中文字幕了解剧情。剧情大致是这样的。

巴迪先生驱车行驶在一条山间公路上，他神情从容镇静，稳稳地操纵着方向盘。他要寻找一个帮助埋掉自己的人，并付给对方20万元。一个士兵拒绝了，一位牧师也拒绝了，天色不早了，巴迪先生依然从容镇静地驱车在公路上寻觅。这时他遇到了一个胡子花白的老者，老者给他讲了一个故事：我年轻的时候也曾想过要自杀，一天早上，我的妻子和孩子还没睡醒，我拿了一根绳子来到树林里，在一棵樱桃树下，我想把绳子挂在树枝上，扔了几次也没成功，于是我就爬上树去。那时是樱桃成熟的季节，树上挂满了红玛瑙般晶莹饱满的樱桃。我摘了一颗放进嘴里，真甜啊！于是我又摘了一颗。我站在树上吃樱桃。太阳出来了，万丈金光洒在树林里，洒满金光的树叶在微风中摇摆，满眼细碎的亮点。我从未发现树林这么美丽。这时有几个上学的小学生来到树下，让我摘樱桃给他们吃。我摇动树枝，看他们欢快地在树下捡樱桃，然后高高兴兴去上学。看着他们的背影远去，我收起绳子回家了。从那以后我再也不想自杀了。生命是一列向着一个叫死亡的终点疾驰的火车，沿途有许多美丽的风景值得我们留恋。

人间值得：
以自己喜欢的方式过一生

夜幕降临了，巴迪先生披上外套，熄灭了屋内的灯，走进黑暗中。夜色里只看到车灯的一线亮光。然后是无边的、长久的黑暗……

天亮了，远处的城市和近处的村庄开始苏醒，巴迪先生从洞里爬出来，伸了个懒腰，站在高处远眺。

看到这里，李杰决定认认真真地洗个脸，把皮鞋擦亮，然后到商场给自己买束鲜花。

后来李杰曾经问过一位欲放弃生命的朋友，问他体验死亡的感觉如何。他说一直在昏迷中，没觉着怎么痛苦。倒是出院的那天，看到阳光如此的明媚，外面的世界如此的新鲜，大街上姑娘们穿着红格子呢裙，真是可爱。长这么大第一次发现世界是这样美好。

世界还是那个世界，只是感受世界的那颗心不同而已。

患肺癌的朋友已经离开了，记得他生前爱吃那种烤得两面焦黄的厚厚的锅盔。每次看到卖饼的小贩推着小车走来，就会怅然，若他活着该多好！可惜那些吃饼的人，已经体味不到自己能够吃饼的幸福了。

为什么要活着？就为了樱桃的甜、饼的香。静下心来，认真去体验一颗樱桃的甜、一块饼的香，去享受春花灿烂的刹那，秋月似水的柔情吧。就这样活下去，把自己生命过程的每一个细节都设计得再精美一些，再纯净一些。不要为了追求目的而忽略过程，其实过程即目的。

像河流一样迂回前进

在印度洋的海岛上，有一种红嘴的鸟，它的嘴的颜色深浅决定了其在异性眼里受欢迎的程度。那些一心想让自己变得更受异性欢迎的鸟，必须调整体内的胡萝卜素。研究表明，胡萝卜素是促使鸟嘴颜色变红的主要原因，但同时也是鸟体内免疫能力不可或缺的重要元素。

在异性鸟眼里，深度红嘴的鸟是鸟中精英，因为它有足够的胡萝卜素。尽管生物学家证明有很大一部分鸟是打肿脸充胖子，事实上把太多的胡萝卜素集中到嘴的颜色装饰上会削弱体内正常的免疫能力，但为了异于同类，在竞争中取胜，鸟甚至红"嘴"薄命。

一位作家曾经讲过一个故事：一位计算机博士在美国找工作，他奔波多日却一无所获。万般无奈，他来到一家职业介绍所，没出示任何学位证书，以最低的身份作了登记。很快他被一家公司录用了，职位是程序输入员。

不久，老板发现这个小伙子的能力非一般程序输入员可比。此时，他亮出了学士证书，老板给他换了相应的职位。

又过了一段时间，老板发觉这位小伙子能提出许多独特的见解，其本领远比一般大学生高，此时，他亮出了硕士证书，老板

人间值得：
以自己喜欢的方式过一生

立刻提拔了他。

又过去了半年，老板发觉他能解决实际工作中遇到的几乎所有技术难题，在老板的再三盘问下，他才承认自己是计算机博士，因为工作难找，就把博士学位瞒了下来。

第二天一上班，他还没来得及出示博士证书，老板已宣布他为公司副总裁。

这个作家的意思是一个人要懂得生命的迂回，在没有机遇时要善于储蓄智慧，而不可把自己看得过重。其实这位博士仍然遵循了生命不能被透支的人生哲学。适当地保存生命的价值是非常重要的。而那些红嘴鸟，只凭一时的勇气来展示自己，一不小心就会透支生命。

不是生活不美，是你打开的方式不对

当体验到生活中的美好时，自然就能找回快乐的心情。

晓飞在她30岁以后终于意识到，其实她的生活并不快乐。她将责任全部归咎于她的丈夫、她的前任老板以及她的亲属。

但是有一天，一位认识她已十年的朋友对她说："晓飞，你将你的不快乐归咎于你周围所有的人，为什么你就不能从自己身上找找原因呢？坦率地说，我总觉得和你在一起有种压抑的感觉。"

这些话对晓飞触动很大，从那以后，她开始认真思考她的生活方式，她努力尝试使自己快乐起来。她学着观察并感受每天发生在她周围的一切，她努力将自己的思维投向那些积极和快乐的事情上，并学会将烦恼放在一边，她发现她的生活正发生着日新月异的变化。

在以后的日子里，每当晓飞与其他的人谈论她的生活经历时，她总是这样说："在过去的许多年，我从未发现自己只是关注那些令人沮丧和消沉的事情，那时的我简直让人没法忍受。所幸的是，我的一位很好的朋友提醒了我，是他让我学会将那些糟糕的东西扔进垃圾筒，让我体验到生活中原来有那么多美好的东西。"

"我能应付过去"

辛·吉尼普的父亲得了肺结核，那段日子，正碰上全美经济危机，吉尼普和妻子都先后失业了，经济拮据。父亲的病使得本不富裕的家里更加雪上加霜。老吉尼普生病时，由于他曾经是俄亥俄州的拳击冠军，有着硬朗的身子，才挺了过来。

一天，吃罢晚饭，父亲把他们叫到病榻前。他一阵接一阵地咳嗽，脸色苍白。

父亲艰难地扫了每个人一眼，缓缓地说："我想告诉你们一件事情。那是在一次全州冠军对抗赛上，我的对手是个人高马大的黑人拳击手，而我个子矮小，一次次被对方击倒，牙齿也出血了。我在台上不止一次地想到过要放弃。但在休息时，教练鼓励我说，'你不痛，你能挺到第12局！'我也跟着说，'不痛。我能应付过去！'之后，我感到自己的身子像一块石头、一块钢板，对手的拳头击打在我身上发出空洞的声音。跌倒了又爬起来，爬起来又被击倒了，但我终于熬到了第12局。对手战栗了，我开始了反攻，我是用我的意志在击打，长拳、勾拳，又一记重拳，我的血同他的血混在一起。眼前有无数个影子在晃，我对准中间的那一个狠命地打去……他倒下了，而我终于挺过来了。哦，那是我唯一的一枚金牌。"

说话间，他又咳嗽起来，额上汗珠纷纷而下。

他紧握着吉尼普的手，苦涩地一笑："不要紧，才一点点痛，我能应付过去。"

第二天，父亲就去世了。

父亲死后，家里的境况更加艰难。吉尼普和妻子天天跑出去找工作，晚上回来，总是面对面地摇头，但他们不气馁，互相鼓励说："不要紧，我们会应付过去的。"

后来，当吉尼普和妻子都找到了工作，坐在餐桌旁静静地吃着晚餐的时候，他们总会想到父亲，想到父亲的那句话：我能应付过去。

热爱生命，才是人生的终极意义

有个老人一生十分坎坷，年轻时由于战乱几乎失去了所有的亲人，一条腿也在一次空袭中被炸断；中年时，妻子因病去世了；不久，和他相依为命的儿子在一次车祸中丧生。

可是，在别人的印象之中，老人一直爽朗而又随和。有一次某个人终于冒昧地问他："您经受了那么多苦难和不幸，可是为什么看不出一点伤感？"

老人默默地看了此人很久，然后，将一片树叶举到那个人的眼前。

"你瞧，它像什么？"

那是一片黄中透绿的叶子。那个人想，这是白杨树叶，可是，它到底像什么呢？

"你能说它不像一颗心吗？或者说就是一颗心？"

那个人仔细一看，还真的十分像心脏的形状，心不禁轻轻一颤。

"再看看它上面都有些什么？"

老人将树叶更近地向那个人凑去。那个人清楚地看到，那上面有许多大小不等的孔。

老人收回树叶，放到了掌中，用厚重的声音缓缓地说："它在春风中绽出，阳光中长大。从冰雪消融到寒冷的深秋，它走过了自己的一生。这期间，它经受了虫咬石击，以致千疮百孔，可是它并没有凋零。它之所以得以享尽天年，完全是因为它热爱阳光、泥土、雨露，它热爱自己的生命！相比之下，那些打击又算得了什么呢？"

你可以没有梦想，但至少能把握今天

你没必要为过去而懊悔，也没必要为未来而不安，最明智的做法就是做好今天该做的事情。

1871年春天，蒙特瑞综合医院的一个医学生偶然拿起一本书，看到了书上的一句话。就是这话，改变了这个年轻人的一生。它使这个原来只知道担心自己的期末考试成绩、自己将来的生活何去何从的年轻的医学院的学生，最后成为他那一代最有名的医学家。

他创建了举世闻名的约翰·霍普金斯学院，被聘为牛津大学医学院的钦定讲座教授，还被英国国王册封为爵士。他死后，用厚达1466页的两大卷书才记述完他的一生。

他就是威廉·奥斯勒爵士，而下面，就是他在1871年看到的由汤冯士·卡莱里所写的那句话："人的一生最重要的不是期望模糊的未来，而是重视手边清楚的现在。"

威廉·奥斯勒爵士曾在耶鲁大学做了一场演讲。他告诉那些大学生，在别人眼里，曾经当过四年大学教授、写过一本畅销书的他，拥有的应该是"一个特殊的头脑"，可是，他的好朋友们都知道，他其实也是个普通人。他的一生得益于那句话："人的一生最重要的不是期望模糊的未来，而是重视手边清楚的现在。"

很久以前，曾经有两位哲人游说于穷乡僻壤之中，对前来听教的人说了一句流传千古的话："不要为明天的事烦恼。明天自有明天的事，只要全力以赴地过好今天就行了。"

许多人都觉得耶稣说过的这句话难以实行，他们认为为了明天的生活有保障，为了家人，为了将来出人头地，必须做好准备。

我们当然应该为明天制订计划，却完全没有必要担心。在美国，医院里半数以上的病床被精神病人占据着，而这些人大多是因为不堪忍受生活的重负而精神崩溃的。可是，如果他们谨记箴言"不要为明天的事忧虑"，谨记威廉·奥斯勒的话"人只能生存在今天的房间里"，只活在今天，就能成为快乐的人，满意地度过一生。

图书在版编目 (CIP) 数据

人间值得：以自己喜欢的方式过一生 / 茗溪著 . —
北京 : 中国华侨出版社 , 2021.3（2024.1 重印）
ISBN 978-7-5113-8412-6

Ⅰ . ①人… Ⅱ . ①茗… Ⅲ . ①人生哲学 – 通俗读物
Ⅳ . ① B821-49

中国版本图书馆 CIP 数据核字（2020）第 226678 号

人间值得 : 以自己喜欢的方式过一生

著　　者：茗　溪
责任编辑：黄振华
封面设计：冬　凡
美术编辑：李丹丹
经　　销：新华书店
开　　本：880mm × 1230mm　1/32 开　印张 / 6.75　字数 / 150 千字
印　　刷：三河市华成印务有限公司
版　　次：2021 年 3 月第 1 版
印　　次：2024 年 1 月第 7 次印刷
书　　号：ISBN 978-7-5113-8412-6
定　　价：36.00 元

中国华侨出版社　北京市朝阳区西坝河东里 77 号楼底商 5 号　邮编：100028
发 行 部：（010）88893001　　　传　真：（010）62707370

如果发现印装质量问题，影响阅读，请与印刷厂联系调换。